张泉锋 等 主编

蚕豆品种与
高效栽培管理技术

CANDOU PINZHONG YU
GAOXIAO ZAIPEI GUANLI JISHU

中国农业出版社
农村读物出版社
北 京

编 者 名 单

主　编： 张泉锋　范雪莲　汪少敏　许林英
　　　　蔡　盼
副主编： 刘　琼　徐伟韦　陈江辉　屠建明
　　　　潘丽卿　张维玲　金　烨　周　琼
　　　　吴碧波　楼婷婷

前言 FOREWORD //////////

蚕豆属冷季豆类，是我国食用豆类中生产面积大、单产水平高的豆种，其种植规模和产量均居世界首位。据统计，在我国长江流域及西北地区分布着超过 1 500 万亩的干蚕豆种植面积，在东部沿海地区及云南等地分布着超过 400 万亩的菜用蚕豆种植面积。蚕豆用作蔬菜食用、饲料、食品加工及工业原料产生的经济效益较高。在长江流域，蚕豆秋季播种，翌年春夏季收获；在西北地区，蚕豆春季播种，当年秋季收获。蚕豆与水稻、小麦和玉米轮作，在提高土壤氮素营养和控制病虫害等方面具有较好的作用。

浙江属亚热带季风气候，季风显著，四季分明，夏季高温多雨，冬季晴冷少雨，年平均气温为 15～18℃。浙江属于蚕豆秋播种植区、长江中下游亚区，蚕豆秋播夏收，生长季节较长，全生育期在 200 天左右。秋播蚕豆全生育期的温度变幅曲线为 V 形，在冬季和初春有一个低温过程，但一般 1 月平均气温都在 0℃ 以上，极端最低气温通常不低于 −10℃，蚕豆在低温条件下通过春化阶段。2023 年，浙江蚕豆种植面积为 40.29 万亩，主要分布于丽水、宁波和绍兴，其他各地均有零星种植，并均以食用其嫩荚为主。浙江露地蚕豆最适播种时间为霜降前后，蚕豆供应时间为翌年 4 月底至 5 月上中旬。生产季节的相对集中和栽培方式的单一，严重制约着蚕豆产业的发展。为此，本书编写团队从实际出发，针对浙江蚕豆生产现状，结合多年来的研究与实践，总结出一套利用人工春化处理使蚕豆提早上市的技术，并编写了《蚕豆品种与高效栽培管理技术》一书。

本书第一章第一节和第二节由张泉锋撰写，第三节由汪少敏撰写，第二章由范雪莲撰写，第三章由许林英、蔡盼撰写，第四章由楼婷婷撰写，第五章由刘琼、徐伟韦、陈江辉、屠建明、潘丽卿撰写。张维玲、金烨、周琼提供了相关照片和资料，吴碧波参与了有关资料的整理工作。同时，编者参考引用了相关论著和研究信息。特别感谢国家食用豆产业体系岗位科学家葛体达研究员提供的相关技术资料。

由于时间紧，加之水平有限，书中疏漏之处在所难免，恳请专家、同仁和广大读者批评指正。

编　者
2024 年 9 月

目 录 CONTENTS ///////////

第一章

概　述

第一节　蚕豆的经济价值

蚕豆（*Vicia faba* L.），豆科野豌豆属一二年生草本植物。蚕豆株高为30～180厘米。主根系发达，根系为圆锥形，茎为草质茎，四棱形，直立生长，有绿色和紫红色两种；子叶不出土，顶端小叶退化呈刺状；花为短总状花序，着生于叶腋间，花色有白色、紫色、紫红色等。荚果外覆盖细茸毛，果壁内层有海绵状茸毛。种子扁平，种皮为乳白色、褐色和青色等。

蚕豆具有很高的经济价值，集蔬菜、饲料及工业原料用途于一身，属粮食、经济兼用型作物。蚕豆入口软酥，可制成酱、酱油、粉丝等产品，还可作为饲料和蜜源植物种植。又因有较高的含氮量，可作有机肥使用，并能减少病虫害。蚕豆中含有钙、锌、锰、磷脂、胆碱等调节大脑和神经组织的重要成分，还可促进人体骨骼的生长发育、预防心血管疾病、延缓动脉硬化。据《随息居饮食谱》记载：对蚕豆过敏的人慎用，若稍多食，会发生类似黄疸的蚕豆病，导致急性溶血性贫血，有发热、腹痛、呕吐等症状，须及时救治。蚕豆一身是宝，其种子、茎、叶、花、荚壳、和皮均可作药用，是重要的药材，主要功能是健脾去湿、通便凉血。

一、蚕豆的传统饮食文化

民以食为天，蚕豆在调节我国居民饮食结构、丰富食品种类和平衡膳食营养方面起到了重要作用。在干蚕豆坚硬的种皮中，有木质化的栅状细胞，结构非常致密，能对胚的生命力起到很好的保护作用，故种子虽经 15～20 年的储存，发芽力并无明显下降，属"长命种子"。蚕豆在我国传统饮食文化中占有重要而独特的地位。在普通百姓家，以干蚕豆为原料的休闲和风味小吃丰富多样，包括绍兴茴香豆、五香辣味豆、脆香椒盐豆、辣味开花蚕豆、糖豆瓣、糖胡豆（糖蚕豆）、怪味胡豆（怪味蚕豆）、铁蚕豆、佛豆糕、糖醋香酥蚕豆、玫瑰糖豆、炸开花豆等，凉盘类的有蚕豆冰冻牛奶豆泥、翡翠豆泥、炒蚕豆泥、蒜泥蚕豆、西米蚕豆、拌蚕豆沙、熟蚕豆泥、蚕豆松，以及用鲜食蚕豆加工的五香青蚕豆等。以鲜食青蚕豆为主要原料的特色菜肴包括蚕豆虾仁、熘干贝蚕豆、蚕豆排骨汤、青豆米稀粥、葱油嫩蚕豆、酸甜蚕豆等。以干蚕豆为主要原料的特色菜肴包括煮蚕豆、蚕豆泥三明治、什锦蚕豆瓣、炸蚕豆饼等。

蚕豆浸泡发芽后称为发芽豆、芽蚕豆或蚕豆芽，蚕豆发芽后含有丰富的维生素和植物活性蛋白，不但营养丰富，而且味道鲜美，无论清炒还是煮汤均适宜。以发芽豆为基础的食品，深受我国消费者喜爱。在我国许多地区，端午节吃芽蚕豆是一种传统饮食习惯。具体做法：将蚕豆除去杂质后，投入清水中浸泡，使其渐渐吸收水分。当蚕豆粒无瘪无皱纹、断面无白心、呈发芽萌动状态时，即达到可烹制的湿度。蚕豆吸水速度因种类、粒状、干燥度及水温而不同，尤其是水温的影响最大。浸豆时间：春秋两季在 30 小时左右，夏季应予以缩短，冬季可适当延长。如使用新鲜豆种，在 30℃ 下，浸泡 6～12 小时，5～7 天就可使芽长至 10～12 厘米，但取食短芽（约 1 厘米长）味道最佳，短芽一般 3～4 天即成，1 千克干蚕豆可得芽长约 1 厘米的发芽豆 4 千克。除此之外，还可制成辣味发芽豆、糖醋发芽豆、葱油发芽豆、甜酸去皮发芽豆、凉拌发芽豆、雪菜发芽豆汤等食用。

二、蚕豆的药用价值

据记载，蚕豆茎、叶、花、荚壳和种皮均可入药。明代《群芳谱》记载，蚕豆味甘，微辛，性平，无毒，快胃、和脏腑、解酒毒，主要功能是健脾除湿、通便、凉血。据《中医学大辞典》介绍，蚕豆有健脾除湿、通便凉血的功能，对小便频数、咯血、鼻出血有显著疗效。例如，用存放 3 年以上的陈豆煎汤饮，用虫蛀蚕豆与适量猪肉炖熟食之，或用蚕豆与冬瓜皮共用水煎服，可以治疗水肿；用蚕豆衣与红糖煮成浸膏，以瓶装存放，连日服用，可治疗慢性肾炎；把蚕豆（鲜品或干品泡膨大）捣烂如泥，涂于头上，随干随换，可治秃疮。

蚕豆含有丰富的钙、锌、锰、磷脂，具有调节大脑和神经组织等功能，还含有丰富的胆碱，有增强记忆力的作用。蚕豆中的钙易被人体吸收，能促进人体骨骼的生长发育。蚕豆皮中的膳食纤维有降低胆固醇、促进胃肠蠕动的作用。但中焦虚寒者、对蚕豆过敏者不宜食用；并且蚕豆性滞，故不可生吃，应将其多次浸泡并焯水后再进行烹制；也不可多吃，以防胀肚伤脾胃。

三、蚕豆的饲用价值

蚕豆作为畜禽饲料，历史久远。蚕豆不仅含有丰富的蛋白质，而且氨基酸种类齐全，蛋白质消化率高达 80.14%，显著地高出小麦、青稞、马铃薯、玉米等 26.2%～74.0%。从每千克可消化蛋白量来说，蚕豆高达 226 克，分别相当于小麦的 2.76 倍、青稞的 3.0 倍、马铃薯的 4.8 倍和玉米的 5.5 倍。由于蚕豆具有高蛋白、高赖氨酸的特点，将蚕豆与其他谷物饲料搭配，可以在配合饲料中增加蛋白质并平衡氨基酸，通过互补强化营养，对提高畜禽饲料转化率具有重要的作用。所以，在鸡和猪的配合饲料中，都有蚕豆添加。

蚕豆茎叶质地柔嫩多汁，含有较多的蛋白质和脂肪，适于作为畜禽的青饲料。在蚕豆成熟前 20 天，采集顶端无荚部分茎叶，混合青贮饲料喂猪效果甚好。除了利用成熟后的茎、叶、秸秆外，将蚕豆直接作为青刈饲料的利用价值也很大，蚕豆中小粒品种适宜作为青刈饲草种植。蚕豆具有很强的再生能力，可利用这一特性既收粮食又收饲草。蚕豆秸秆的营养成分含量虽然比其叶片低，但显著高于谷物秸秆。据测定，蚕豆叶片干物质中粗蛋白含量可达 16.5%，比玉米籽粒高出 62.2%。蚕豆秸秆的粗蛋白和每千克消化蛋白分别达到 9.93% 和 57.6 克。粗蛋白含量相当于小麦、玉米和油菜秸秆的 2.5～3.3 倍；而每千克中可消化蛋白质的质量相当于麦秸的 8.3 倍、油菜秸的 6.9 倍和玉米秸的 3倍。另外，蚕豆秸秆灰分中钙、磷元素也比麦秸高 2～3 倍，是牛、羊等反刍家畜的优良饲草，尤其对需钙较多的母畜更为适宜。

第二节　蚕豆的种植分布和种植区划

一、蚕豆的种植分布

2019 年世界蚕豆种植面积约为 3 899 万亩①，干籽总产量492 万吨，分布的区域超过 55 个国家。蚕豆种植面积以亚洲最大，占全世界的 59.9%～62.8%，非洲占 20.1%～23.5%，欧洲占 6.0%～9.6%，南美洲占 4.8%～5.4%，中、北美洲占1.7%～2.4%，大洋洲占 0.2%～3.0%。在蚕豆的年总产量方面，亚洲占全世界的 63.3%～67.0%，非洲占 17.4%～21.3%，

---

① 亩为非法定计量单位，1 亩≈667 米²。——编者注

欧洲占 8.7%～11.3%，南美洲占 2.0%～2.2%，中、北美洲占 1.6%～1.8%，大洋洲占 0.2%～3.3%。表明无论在种植面积还是在年总产量上，亚洲均占到了 50% 以上，其次为非洲，种植面积和年总产量均占到 17% 以上。单产方面以欧洲最高，亚洲和非洲处于较高水平，南美洲的单产水平最低。从国家来看，中国、土耳其、埃及、埃塞俄比亚、摩洛哥、法国、德国、意大利、巴西和澳大利亚是世界十大蚕豆主产国，这 10 个国家的蚕豆种植面积占全世界的 87% 以上，年总产量占全世界的 90%，其中又以中国为世界蚕豆第一生产大国。

蚕豆虽不是原产于我国，但蚕豆是除大豆、花生之外，我国目前种植面积最大、总产量最多的食用豆类作物。我国种植蚕豆的历史悠久，分布很广，东起浙江宁波，西到新疆喀什，南起广西龙州，北到新疆阿勒泰。从海拔 4 000 米的西藏拉萨到海拔 10 米以下的东海之滨，我国除东北地区外，其余各省份均有蚕豆种植。蚕豆是我国南方主要的冬季作物、北方主要的早春作物，种植面积占比分别为 89% 和 11%。蚕豆秋播区的云南、江苏、浙江、重庆、四川、湖北和安徽等省份，以菜用和粮用蚕豆栽培最多；春播区以粮用蚕豆为主，集中在甘肃、青海、宁夏、内蒙古以及河北张家口坝上地区，其他各省份种植面积较小。

二、我国蚕豆的种植区划

根据蚕豆栽培区的纬度和海拔，以及蚕豆的生长季节、耕作制度、种植方式和品种适应类型等综合考虑，我国蚕豆的栽培可划分为南方秋播蚕豆种植区、北方春播蚕豆种植区。

（一）南方秋播蚕豆种植区

南方秋播蚕豆种植区是我国蚕豆主产区，包括云南、四川、湖北、湖南、江苏、浙江、安徽、福建、广东、广西、贵州、江西等地。本区蚕豆播种面积约占全国总面积的 90%，总产量占80%以上。本区各地蚕豆种植的纬度、海拔、温度、降水量等差异都很大。本区的共同特点是秋播夏收，生长季节较长，全生育期在200天左右。秋播蚕豆全生育期的温度变幅曲线为V形，在冬季和初春有一个低温过程，但一般1月平均气温都在0℃以上，极端最低气温通常不低于−10℃，蚕豆在低温条件下通过春化阶段。西部区域冬春降水少，东南部区域春季降水多，结荚期光照不足。所以，干旱、冻害和生育后期的叶部病害、蚜虫侵袭是导致本区蚕豆产量不高、不稳定的主要限制因素。

南方秋播种植区蚕豆主要是水稻的后作，冬季与大麦、小麦或油菜轮作；也是野地棉、麻区间套作的主要作物，是一种用地养地、集粮、饲、菜、肥多种用途于一身的作物。本区又可分为3个亚区。

1. 南方丘陵亚区

包括广西、广东和福建，种植面积占全国总面积的10%左右。年无霜期300～325天；年平均气温19.6～21.8℃，1月平均气温10.5～12.8℃，1月平均最低气温7.6～9.7℃，生育期≥5℃积温1 300～1 500℃；年降水量1 300～1 700毫米，但蚕豆生长季节遇到干旱时需要灌溉。11月播种，翌年4月收获，全生育期140～160天。生产上利用的品种有土豆籽、拉兴73、广莆3号等早熟半矮秆品种。主要轮作方式为水稻—蚕豆（大麦）。

2. 长江中下游亚区

包括上海、浙江、江苏、江西、安徽、湖北、湖南等省份，是我国蚕豆的主产区之一，种植面积占全国总面积的37.41%。年无霜期220～280天；年平均气温11.5～17.5℃，1月平均气温2.0～5.0℃，1月平均最低气温−1.2～2.0℃，蚕豆生育期≥5℃积温1 200～1 300℃；年降水量1 000～1 600毫米。10月中下旬至11月上旬播种，翌年5月下旬收获，全生育期200～

230 天。生产上使用的蚕豆品种有通蚕系列、启豆系列以及慈溪大白蚕、上虞田鸡青、利丰蚕豆、襄阳大脚板等传统地方品种。轮作方式为水稻与蚕豆（大麦），以及蚕豆与棉花，蚕豆与小麦、玉米等间作、套种方式。

3. 西南山地、丘陵亚区

包括云南、四川、贵州和陕西汉中地区，是我国蚕豆主产区之一。种植面积占全国总面积的 42.13%，年无霜期 220～300天；年平均气温 14.7～16.2℃，1 月平均气温 4.9～7.7℃，1 月平均最低气温 1.4～2.4℃；年降水量 950～1 200 毫米。10 月播种，翌年 4 月收获，全生育期 190 天左右。生产上使用的蚕豆品种主要有云豆、凤豆和成胡系列以及成都大白蚕豆、昆明白皮豆、祥云豆、府谷蚕豆等传统地方品种。主要轮作方式为水稻—蚕豆；以及蚕豆与小麦、油菜间作；蚕豆与玉米、蔬菜、果树等间作、套种方式。

（二）北方春播蚕豆种植区

本区包括甘肃、内蒙古、青海、山西、陕西、河北北部、宁夏、新疆和西藏等。本区蚕豆种植面积仅占全国总栽培面积的 10%左右，单位面积产量较高，总产量约占全国的 14%。本区的共同特点是春播秋收，一年一熟。一般在 3—4 月播种，8 月收获，生长季节短，全生育期的气温变化曲线为倒 V 形，即两头低、中间高，日温差大，有利于形成大粒。蚕豆能在较高的温度下通过春化阶段，在适宜的温度下开花结荚，且光照时间长、光强度大，有利于高产稳产。本区又可分为 3 个亚区。

1. 甘西南、青藏高原亚区

这是我国大粒型蚕豆产区，包括西藏、青海以及甘肃西南部、中部地区，海拔 1 500～4 300 米，年平均气温 5.7～9.1℃，7 月平均气温 15.1～23.5℃，生育期≥5℃积温 1 300～1 500℃，年降水量 300～450 毫米，年无霜期 100～180 天，年日照时数

2 600~3 000 小时。3 月中旬至 4 月中旬播种，8—9 月收获，全生育期 150~180 天，一年一熟。生产上所用的蚕豆品种有青海系列、临蚕系列以及临夏马牙、湟源马牙、朵大豆等传统地方品种。主要轮作方式有蚕豆—小麦/马铃薯和蚕豆—小麦—小麦等。

2. 北部内陆亚区

包括内蒙古、河北、山西、宁夏以及甘肃河西走廊。其走向沿长城内外一线，海拔 800~1 600 米，年平均气温 5.8~12.9℃，7 月平均气温 21.9~26.6℃，生育期 ≥5℃ 积温 1 700~1 900℃，年降水量 200~550 毫米，但分布不均，河西走廊不足 100 毫米。3 月中旬至 5 月中旬播种，7—8 月收获，全生育期 100~130 天。生产上使用的蚕豆品种有大马牙、大板马牙、崇礼蚕豆等传统地方品种。本亚区又可划分为长城沿线小区、河套小区和河西走廊小区。

3. 北疆亚区

包括新疆天山南北地区，属大陆性干旱、半干旱气候。一年一熟，蚕豆与小麦、玉米轮作，生产规模较小。年平均气温 5.7~13.9℃，7 月平均气温 23.5~32.7℃，年降水量 16.4~277.6 毫米。

据研究，1 月平均气温高于 0℃ 的地方为蚕豆秋播区；1 月平均气温低于 0℃ 而 7 月平均气温低于 20℃ 的地方为蚕豆春播区。我国秋播蚕豆的分界线是秦岭—淮河一线，西部海拔较高，东部海拔较低。严格地说，长江流域是蚕豆秋播区，珠江流域是冬播区。而云南类似一种"立体气候"，海拔高低不一、气候各异，几乎一年四季均可种植。春播区从辽东半岛中间起向西北经长城沿线、山西北部、陕西北部、陕西和甘肃交界、四川西部，止于云南，这一线的北部和西部是蚕豆春播区。

第三节　蚕豆的起源与分类

一、蚕豆的起源

关于蚕豆的起源有几种观点。1931 年，Muratova 提出大粒蚕豆原产于北非，小粒蚕豆原产于里海南部。1935 年，H. 瓦维洛夫根据在中亚的喜马拉雅山脉和兴都库什山交会地区发现有小荚、小粒的原始类蚕豆，从而提出中亚的中心地区是蚕豆的最初起源地，并自中亚沿纬线山脊向西伸到伊朗、土耳其以及地中海地区，再到西班牙，蚕豆籽粒逐渐增大。特别是根据西西里岛和西班牙的蚕豆比阿富汗喀布尔地区的蚕豆大 7～8 倍的事实，得出结论，认为地中海沿岸及埃塞俄比亚是大粒蚕豆的次生起源地。1972 年，Schultze-Motel 根据考古学的证据，认为蚕豆是在新石器时代后期（公元前 3000 年）被引入农业栽培的，而不是第一批被驯化栽培的作物。据 Hanelt 等（1973）报道，在以色列到土耳其和希腊海岸线以东未有史前的考古发现。在死海北面的杰里科（Jericho）发现有新石器时代蚕豆残留的种子，被确认为公元前 6250 年的遗物。在西班牙和东欧的新石器时代以及瑞士和意大利等地青铜器时代遗址中发现了蚕豆残留物。1974 年，Cubero 推测蚕豆起源中心在近东地区，并由此向 4 个方向传播：向北传播到欧洲；沿北非海岸传播到西班牙；沿尼罗河传播到埃塞俄比亚；从美索不达米亚平原传播到印度，从印度传播到中国。后来，阿富汗和埃塞俄比亚成为次生多样性中心。有些学者认为，蚕豆起源地为亚洲西南部到地中海地区。近些年许多研究表明，蚕豆可能起源于亚洲的西部和中部，其祖先和起源地区仍未确定。

蚕豆何时传入中国没有正史记载，公元 3 世纪上半叶，在三国时期张揖的《广雅》中有胡豆一词。1057 年，北宋宋祁在《益部方物略记》中记载："佛豆，豆粒甚大而坚，农夫不甚种，唯圃中莳以为利，以盐渍食之，小儿所嗜。"明代李时珍在《本草纲目》中记载："大平御览云，张骞使外国得胡豆归，今蜀人呼此为蚕豆。"若此说法可靠，则表明蚕豆传入中国的历史已有2 000多年。但是，1956年和1958年，在浙江省湖州市吴兴县（现为湖州市吴兴区）发掘出新石器时代晚期的钱山漾文化遗址中出土了蚕豆半炭化种子。1973年，在甘肃省临夏回族自治州广河县地巴坪出土了半山类型的彩陶，在彩陶葫芦型网纹间夹绘的4个小纹饰中，有蚕豆粒特有的形象，说明在距今四五千年前就已经栽培蚕豆了。在云南丽江一带有一种拉市青皮豆，栽培历史悠久，据说是当地土生土长的原产品种，并且在云南大理的宾川还有野生蚕豆分布。所以，关于蚕豆的起源说法不一，还有待深入研究。

二、蚕豆的分类

蚕豆在植物分类学上为野豌豆属，是这个属中隔离最好的一个种。蚕豆与这个属中的其他种相比，其染色体较大，DNA含量也较高，但染色体数较少，$2n=12$，而这个属中其他种的染色体$2n=14$。在蚕豆与野豌豆属其他种之间还没有杂交成功的实例，而其他种之间的杂交已获得成功。在形态学特征上，与野豌豆属其他种的不同之处是，蚕豆没有卷须及种脐长度约为种子长度的1/2。

蚕豆为常异花授粉植物，而种内的分类常有困难或有不同的分类。

按品种的形成来源，分为地方品种和育成品种。其中，地方品种农艺性状的整齐度较差，但对当地的适应性好，特别是抗逆境能力较强。育成品种商品特性和栽培响应力专一，植物学性状和农艺性状整齐度较高。

按籽粒大小，分为小粒型（百粒重在70克以下）、中粒型（百粒重为70～120克）和大粒型（百粒重在120克以上）。

按种皮颜色，分为青皮（绿皮）豆、白皮（乳白）豆、红皮（紫皮）豆和黑皮豆4种类型。

按用途，分为食用类型（鲜销蔬菜型、干籽粒加工型）、饲用类型（青饲料和干饲料）和绿肥类型。

按荚的长度，分为长荚型（荚长10厘米以上）和短荚型（荚长10厘米以下）。

按苗期耐低温能力的强弱，分为秋播蚕豆（冬性蚕豆）和春播蚕豆（春性蚕豆）。

按成熟期的长短，分为早熟型、中熟型和晚熟型。

第二章

蚕豆的主要特性特征及
对环境条件的要求

第一节 蚕豆的生物学特性

蚕豆从播种到成熟的全生育过程可分为出苗期、分枝期、现蕾期、开花期、结荚期和鼓粒成熟期。各生育时期的时间因品种、温度、日照、水分、土壤条件和播种时期的不同而有差别。

一、出苗期

蚕豆的籽粒大，种皮厚，吸水较难，发芽时需水较多。所以，蚕豆出苗的时间比其他豆类作物要长一些，一般需 8～14 天。在土壤湿度适中的条件下，温度高低是影响出苗时间长短的主要因素。蚕豆种子萌芽，首先下胚轴的根原分生组织发育成初生根，突破种皮伸入土中，成为主根。初生根伸出以后，胚芽突破种皮，上胚轴向上生长，长出茎、叶，一般茎叶露出土面 2 厘米时称为出苗，田间 80％的植株出苗时称为出苗期。

二、分枝期

蚕豆幼苗一般在长出 2.5～3 片复叶时发生分枝。当分枝长至 2 厘米时，为一个分枝；当田间 80％的植株达到分枝时，为分枝期。分枝发生早晚受温度影响较大，在南方秋播区，日夜平均温度在 12℃以上时，从出苗到分枝 8～12 天，随着温度的下降，分枝的发生逐步减慢。在江苏、浙江一带，蚕豆 11 月底进入分枝盛期，到 12 月下旬达到高峰期，翌年 3 月中旬开始自然衰老。蚕豆分枝能不能开花以及开花结荚多少，主要取决于分枝发生的早晚和长势的强弱。另外，还与土壤肥力、密度、品种和栽培管理等有关。一般早发生的分枝长势强，积累的养分多，大多能开花结荚，成为有效枝；后发生的分枝常因营养不良、生长弱而自然衰亡，或不能开花结荚。

三、现蕾期

蚕豆现蕾是指主茎顶端已分化出花蕾，并被 2～3 片心叶遮盖，揭开心叶能明显见到花蕾。当田间 80% 的植株有能分辨的花蕾出现时，称为现蕾期。蚕豆现蕾期早晚因品种和气候条件的不同而不同。在云南适时播种条件下，从出苗至现蕾一般需要40～45 天，有效积温 480～680℃。蚕豆现蕾时的植株高度因品种和播种早晚、栽培条件的不同而有差异。现蕾期植株高矮对产量影响很大，植株过高会造成荫蔽，花荚脱落多，甚至引起后期倒伏，产量不高；生长不良导致植株过矮就现蕾，形不成足够的营养生长量，产量也不高。蚕豆现蕾期是干物质形成和积累较多的时期，也是蚕豆营养生长和生殖生长并进的时期，这时需要有一定的生长量，但又不能过旺。因此，要协调生长与发育的关系。对生长不良的要促，对水肥条件好、长势旺的要控，防止过早封行，影响花荚形成。

四、开花、结荚期

蚕豆开花与结荚并进，开花期可长达 50～60 天，蚕豆植株出现花朵、旗瓣展开为开花，当田间 30% 的植株开花时称为始花期，当 50% 的植株开花时称为开花期，当 80% 的植株开花时称为盛花期。当植株出现 2 厘米幼荚时称为结荚；当 50% 的植株结荚时，称为结荚期。从始花到豆荚出现是蚕豆生长发育最旺盛的时期。这个时期，在茎叶生长的同时，茎叶内储藏的营养物质要大量地向花荚输送，此时期需要土壤水分和养分充足、光照条件好，叶片的同化作用能正常进行，这样才有足够的营养物质同时保证花荚的大量形成和茎、叶的继续生长，促进开花多、成荚多、落花落荚少。这是蚕豆能否高产的重要条件。

五、鼓粒成熟期

蚕豆花朵凋谢以后，幼荚开始伸长，荚内的种子也开始膨大。随着种子的发育，荚果向宽厚增大，籽粒逐渐鼓起，种子的充实过程称为鼓粒期。蚕豆植株80％的荚果呈现黄褐色的时期为成熟期。鼓粒到成熟阶段是蚕豆种子形成的重要时期。这个时期发育是否正常，将决定每荚粒数的多少和百粒重的高低。鼓粒期缺水会使百粒重降低，并增加秕粒、降低产量和质量。

第二节　蚕豆的植物学特征

蚕豆有越年生（秋播）和一年生（春播）之分，植物器官可分为根、茎、叶、花、荚果和种子6个部分。

一、根

蚕豆的根由主根、侧根和根瘤3个部分组成，是植株的地下部分，其功能除吸收养料和水分外，对植株还有一定的固定支撑作用。根系生长的好坏，将直接影响蚕豆的产量。根瘤是因侵入根皮的根瘤菌的共生而形成的。根瘤菌是一种好气性细菌，具有固定空气中游离态氮的能力。

蚕豆种子在萌发时，首先长出1条胚根，以后发展为主根，侧根从主根上长出，上部的侧根较长，向下则渐短，形成一圆锥根系。蚕豆主根强大、粗壮，入土深度可达80～150厘米。因此，能够利用其他作物难以吸收利用的土壤深层养料。尤其是可将钙素等带到土壤上层来，被当季作物和后茬作物所利用。上部侧根在土壤表层水平延伸 50～80 厘米，然后向下生长，深达80～110 厘米。蚕豆根系扩展范围虽广，但大部分集中在 30 厘米土层内。

蚕豆在 3 叶 1 心时，根瘤菌即已从根毛侵入根的初生皮层，在 5～6 叶时，根上已出现粒状根瘤，以后逐渐增大、增多而形成一团，成为不规则的姜状瘤块。根瘤主要集中在表土层 20～35 厘米的主根和侧根上，主根着生的根瘤比侧根大且数量多，固氮效率也较高。因此，移栽、补苗宜在幼苗期进行，并以带土连根移植为佳；否则，将因主根受损而造成死苗或植株生长发育不良。蚕豆根系与蚕豆族根瘤菌共生，铵盐、硝酸盐会抑制根瘤的形成，故氮素化肥应深施、晚施、少施。

二、茎

蚕豆茎是草质茎，直立，四棱形，中空多汁，表面光滑无毛。其高度差异极大，从 30 厘米到 180 厘米不等，因品种和栽培条件而异。即使是同一品种在不同的栽培环境中，茎的高度也有很大变化。一般早熟种较矮，晚熟种较高。幼茎多数为绿色，有少量品种上部呈紫红色，成熟后的茎为黑褐色。据研究，一般亩产 250 千克以上的秋播群体中，单枝茎粗应达到 0.7 厘米以上．而茎秆的粗细、高度与栽培管理条件和种植密度关系极大．节间距离和茎秆粗细都与产量构成诸因素相关。

蚕豆的分枝力很强，当主茎出现 4 片叶时，第一节上就有分枝发生，一般主茎上第一节、第二节发生分枝较多。主茎上的分枝为一次分枝，一次分枝上长出二次分枝，以此类推。一次分枝最多，二次分枝较少，且多为无效分枝。冬蚕豆早播的分枝较多，有 5～15 个分枝；晚播的分枝较少，有 3～10 个分枝。长江流域大多数地区的蚕豆主茎常在冬季自然枯死或受冻死亡，因而主要依靠早生粗壮的分枝结荚构成产量。四川中部、东部地区的冬蚕豆主茎上一般能结荚，但荚数仍少于分枝。春蚕豆仅有 2～3 个分枝或无分枝，主茎荚数略多于分枝，靠主茎和分枝构成产量。

蚕豆分枝能否结荚，并成为有效分枝，主要取决于分枝出现的早晚和长势的强弱。此外，与密度、栽培管理也有密切的关系。一般秋蚕豆冬前及越冬期形成的分枝，因生长健壮、养分积累多，大多能结荚，成为有效分枝；春后发生的分枝，长势弱，荫蔽重，常常因营养不良而不能结荚，成为无效分枝。

三、叶

叶片是进行光合作用的主要器官，叶片的大小、功能、衰落速度及叶层配置与光能利用和产量形成有十分密切的关系。

蚕豆的叶片分为子叶、单叶和复叶。蚕豆种子有 2 片肥大的子叶，富含营养物质。种子萌发时，由于下胚轴不延伸，因此蚕豆子叶有不出土的习性。在正常条件下，夹在 2 片子叶之间的幼胚芽都是在胚根生长以后再伸长。发芽以后 2 片单叶首先生长，通常称为基叶。蚕豆的分枝主要从基叶所在的节间发生，在 2 片基叶以后，陆续发生各片复叶。

蚕豆的复叶为互生羽状，由 2～9 片小叶组成，复叶的小叶片数随着叶节的增加而逐渐增多，但 6～7 片小叶出现后，小叶片数又略为减少。小叶椭圆形，全缘，无毛，基部楔形。叶面绿色，叶背略带灰白色。复叶顶部小叶退化为短刺状，有时变态呈细漏斗形。托叶 2 片，较小，略呈三角形，紧贴于茎与叶柄交界处的两侧，背面有一紫色或褐黄色小斑，为退化蜜腺。

蚕豆每分枝叶片平均 22 片左右，复叶的小叶片数多少与开花、结荚有相应的关系。据观察，一般在现蕾前出现的四叶型与五叶型复叶为主要开花结实的节位，到七叶型复叶出现时，所开的花多为无效花。

四、花

蚕豆的花着生在叶腋间，形成短总状花序。花朵聚生在花梗上形成花簇，每个花簇有 2～9 朵花。花为蝶形花，由花萼、花冠（旗瓣 1 枚、翼瓣 2 枚、龙骨瓣 2 枚）、雄蕊（10 枚）和雌蕊（1 枚）4 个部分组成。雄蕊为 9 合 1 离的两体雄蕊，雌蕊隐藏在雄蕊下。花色大致分为紫色、浅紫色、白色、纯白色（翼瓣上无斑点）。花色是鉴别不同品种的重要特征之一。

在通常栽培条件下，一株蚕豆能开 40～300 朵花，成荚率为 5%～20%。蚕豆开花顺序是自下而上，下部花簇（第一簇至第三簇）的小花数较少，占总花数的 34.1%，成荚数占总成荚数的 51.7%，成荚率高；中部花簇（第四簇至第六簇）的小花数多，占总花数的 40.3%，成荚数占总成荚数的 43.1%；上部花簇（第七簇及以上）的小花数占总花数的 25.6%，成荚数占总成荚数的 5.2%。每天开花时间，从 8：00 左右开始，持续到 17：00—18：00，以中午前后开花最多，日落后大部分花朵闭合。每朵花开放时间持续 1～2 天，全株开花延续 15～20 天。

蚕豆大多能自花授粉，但由于花器较大，花冠不整齐，对雌雄蕊覆盖、包裹不紧。加之蚕豆花能散发出浓郁的香味引诱昆虫采粉，从而导致蚕豆的异交率很高。在自然条件下，异交率的高低因气候条件、蜂源多少、品种差异而有所不同，一般为 20%～40%，平均在 30% 左右。所以，蚕豆是常异花授粉作物。

五、荚果

蚕豆的果实为荚果，由 1 个心皮组成，扁圆筒形，形似老蚕，被茸毛，荚内也有絮状白色茸毛。荚长因品种而异，一般长 6～10 厘米，宽 2 厘米左右。每荚含种子 2～4 粒，最多达 7～8 粒，种子占全荚重量的 60%～70%。荚壳肥厚，幼荚为绿色，成熟时呈黑褐色。

蚕豆的荚型可分为硬、软两类。硬荚型品种从结荚至成熟，荚果基本保持直立或斜向上姿态，荚仍呈扁圆筒形；软荚型品种在幼荚期荚果向上生长，接近成熟时荚果由基部逐渐向下弯曲，直至完全垂下，同时荚壳收缩将种子紧紧包裹，荚内种子数量、形状明显可辨。有些软荚型的品种成熟时，荚果并不下垂或不太下垂，但荚壳仍紧紧将种子包裹。在一些干旱地区，硬荚型的品种成熟时，荚壳易爆裂，造成种子散落，不利于收获。软荚型的品种成熟时，荚壳不爆裂，但脱粒较为困难。

六、种子

蚕豆种子由胚、子叶、种皮3个部分组成，其形状扁平，长圆形，略有凹凸。种子的基部有一个种柄脱落留下的黑色或灰白色痕迹，称为种脐。种脐的形状、颜色也是品种的重要特征之一。种脐的一端有一小孔，称为珠孔，发芽时胚根即由此伸出。种皮内包着2片肥大的子叶，多为淡黄色，也有少量品种的子叶为绿色。胚（胚芽、胚轴、胚根）着生于子叶的基部。成熟后的种皮颜色有乳白色、绿色、浅绿色、褐色和紫色等。蚕豆种子的大小因品种不同而差异很大，其长度为 $0.65\sim3.50$ 厘米，是栽培作物中最大的种子之一。在自然条件下，蚕豆种子发芽力可保持 $2\sim3$ 年，在低温干燥地区可保持 $5\sim7$ 年。蚕豆种子中常有一种硬实现象，硬实的种皮坚硬如革，水分不易浸入。其形成是由于成熟过程中出现干旱、高温等不利因素，使籽粒过于干燥，造成种皮细胞紧密所致，对蚕豆品质和萌发都不利。

第三节　蚕豆生长发育对环境条件的要求

蚕豆的生长发育对光照、温度、水分、土壤、矿质元素以及固氮环境等自然环境因素有一定的要求。在种植过程中，应积极创造条件，满足其需要，才能获得较高的生物学产量和经济学产量。

一、光照

蚕豆是喜光怕阴的长日照作物，延长日照时数，植株能提早开花结荚。如在秋播区，蚕豆由西向东引种生育期逐渐缩短，反之则延长。就生态类型而言，春蚕豆和秋蚕豆对各自的生态环境都产生了系统适应性，互换环境后不利于其生长发育。但相对来说，秋蚕豆北移春播尚能开花、结荚、成熟，而春蚕豆南移秋播则不能结荚或结荚极少。说明春蚕豆对光照反应更敏感，对长日照要求更严格。

蚕豆整个生长期间都需要充足的阳光，尤其是开花结荚期和鼓粒灌浆期。一般向光透风面的分枝健壮，花多、荚多，单作或间套作时，若种植密度过大，株间互相遮光严重，会导致蚕豆的花荚大量脱落。因此，宜选用株型紧凑、叶姿上举、叶片大小适中的品种。在栽培技术上，应根据蚕豆对日照反应的特点，适时播种，合理密植，间套作物要得当，排灌、施肥要科学，并适时整枝摘尖，使其有一个合理的群体结构，以改善植株间透光通风条件，让大多数叶片都能得到较好的光照。提高光能利用率，减少病虫害，对提高产量有明显的作用。

二、温度

蚕豆性喜温凉湿润的气候，不耐暑热，不耐严寒，耐寒力比大麦、小麦、蚕豆差，特别是花荚形成期间，尤其不耐低温。蚕豆不同生育阶段对温度的要求和抗低温的能力是不同的。种子发芽时最低温度为 $3\sim4℃$，适温为 $16\sim25℃$，最高温度为 $30\sim35℃$。出苗的适温为 $9\sim12℃$。春播时，一般 $5\sim6℃$ 即可播种，从播种到幼苗出土所需的天数，随温度不同而发生变化。当覆土深 $6\sim8$ 厘米、土温 $8℃$ 时，发芽约需 17 天；$10℃$ 时需 14 天；$32℃$ 时需 7 天。秋播时，易遇冻害。一般幼苗能忍受 $-4℃$ 的低温和霜冻，但气温降至 $-7\sim-5℃$ 时，地上部分即受冻害，低温时间越长，受冻害程度越重。叶片受冻后，先呈水渍状斑块，然后萎蔫变黑，最后受冻部分枯死。如果温度低于 $-8℃$，幼苗就会冻死。营养器官形成期最适温度为 $14\sim16℃$；生殖器官形成及开花期最适温度为 $16\sim20℃$，超过 $26℃$ 时落花严重；结荚期最适温度为 $18\sim22℃$。

三、水分

蚕豆喜湿怕渍，需水较多，是既不耐旱，又不耐涝的作物。蚕豆对水分的要求，因不同生育时期而异。种子发芽要吸收相当于自身重量 $110\%\sim150\%$ 的水分，即 1 千克种子要吸收 $1.1\sim1.5$ 升的水分，才能发芽出苗。由于蚕豆粒大、种皮厚、吸水较慢，因此出苗所需时间较长，为 $10\sim20$ 天。如果土壤湿度过大，则豆种易霉烂。

从出苗到现蕾，地上部生长较缓慢，根系生长较快，需水量相应减少，这时如果降水过多或低洼地长期积水，土壤过湿，地温低，土壤通透性差，就会影响蚕豆根系生长，病害容易侵染与传播，造成烂根死苗。所以，在南方尤其是春雨多、地势低平的地区，应开沟排水防湿害，配以浅中耕促进根系深扎，控制地上部徒长，使植株粗矮健壮，以达到蹲苗高产的目的。从现蕾开花起，蚕豆植株生长加快，日生长量增大，干物质积累增多，是需水分最多的时期。由于蚕豆全株生长量的 65% 是在开花以后增加的，所以要供给充足的水分，才能满足开花结荚的需要。如果水分不足，就会严重影响产量；但降水过多或长时间处于渍水的低洼地，对蚕豆根系生长极为不利，又会导致植株抗逆力减弱，易感染立枯病、锈病、赤斑病、褐斑病，而且会发生倒伏。因此，在旱地和比较干旱的地方种植蚕豆，在开花、结荚期要及时灌溉，以保证植株正常生长发育。在稻田和降水多的地区种植蚕豆，应提早开沟作畦以利于排水，促使植株早生快发，健壮生长。

四、土壤

蚕豆适应性比较强，能在各种土壤中生长，但最适宜的是土层深厚、有机质丰富、排水条件好、保水保肥能力较强的黏质土壤。沙土、沙壤土、冷沙土、漏沙土因肥力不足，保水力差，植株生长瘦小，分枝少，产量低。如果在这些土壤上增施农家肥，提高土壤肥力，保持土壤湿润，也能使蚕豆生长良好。

蚕豆生长较为适宜的土壤 pH 为 6.2~8.0，因为根瘤菌最适于在中性到微碱性的土壤中繁殖生长，甚至在 pH 为 9.6 的土壤中也能繁殖，所以沿海一带盐碱地也有较多的蚕豆种植。在过酸土壤中种植蚕豆，则抑制了根瘤菌的繁殖以及根际微生物的活动。因此，蚕豆在酸性土壤中往往生长不良，容易感病。南方酸性土壤种植蚕豆，需施用石灰中和酸性。北方春蚕豆产区多是石灰性钙质土壤，在种植蚕豆上有优势。

五、矿质元素

蚕豆从土壤中吸收最多的营养元素是氮、磷、钾、钙，为了保证蚕豆正常生长发育，还需吸收钠、镁、锰、铁、硫、硅、氯、硼、钼、钴、铜等元素。根据国家蚕豆产业技术体系项目，利用访仙白皮、品蚕 D、云蚕 79、崇礼蚕豆 4 个蚕豆品种进行盆栽试验。研究结果表明，缺乏微量矿质营养元素对于蚕豆生长发育的影响顺序如下：空白对照＞缺氮＞缺锌＞缺钴＞缺铁＞缺硼＞缺铜＞缺锰＞缺钼＞缺碘＞全价营养。对于缺乏碘、硼、锰、锌、钼、铜、钴、铁分别表现出明显的微量元素缺乏症状，而且主要表现为叶片受损，缺乏不同的微量元素则叶片上坏死斑的形状、颜色以及大小不同。

六、固氮环境

豆科植物通常有 2 种途径获得氮素：一是通过根部吸收土壤

中的硝酸盐，再由存在于叶片中的硝酸盐还原酶还原产生氮，所有的豆科植物都有这种酶；二是固定空气中的氮气，通过根瘤菌类菌体的固氮酶还原成 NH_4^+。只有带有固氮根瘤的豆科植物才有这种酶。对于大部分田间栽培的豆科作物，这两种机制都起到了作用。为了节约土壤中的氮素和肥料，增加固氮部分和减少吸收部分是很重要的。需要注意的是，当土壤中具有可吸收氮素时，植株会优先选择而减少根瘤菌固氮。所以，追施氮肥会减少根瘤菌固氮。对于部分豆类作物，如菜豆和花生，追施氮肥可以增产，但对于另一些豆类作物，追施氮肥则增产很少或不增产，蚕豆就属于这一类型。根瘤菌是一种无孢子细菌，它在接种物中生存困难，但在土壤中生存良好。所以，耕作土壤中通常都有根瘤菌存在。当种子发芽时，根瘤菌在根际繁殖并进入根内，随着根细胞的繁殖而增殖形成根瘤。共生固氮是一种高等植物与一种特定细菌微妙平衡的结果，要求一些必备的条件来促进固氮作用：良好的土壤结构（土壤通气性良好，以便得到足够的空气）；不缺钼和硼；土壤中含有少量的氮化物；有足够数量的特定根瘤菌种；有利于植株生长的条件（适宜的气候、合适的耕作技术、适宜品种、无病虫害等）。蚕豆对根瘤菌种的特异性不强，很容易同许多根瘤菌种形成固氮根瘤，在传统的耕作土壤中都有固氮根瘤菌存在，一般不需要进行接种处理，但在新开垦或初次种植豆科作物的土壤中需要考虑接种。

第三章

蚕豆品种类型和栽培模式与技术

第一节　品种类型与高产良种

一、蚕豆的品种类型

（一）粒型

粒型是蚕豆品种资源主要的分类依据，根据蚕豆籽粒的形状和大小，可分为大粒型、中粒型和小粒型。

1. 大粒型

百粒重在120克以上，粒型多为阔薄型，种皮颜色多为乳白色和绿色两种，植株高。大粒型资源较少，约占全国蚕豆品种资源数的6%，主要分布在青海、甘肃，其次为浙江、云南、四川。代表品种有青海马牙、甘肃马牙、浙江慈溪大白蚕、四川西昌大蚕豆等。这类品种对水肥条件要求较高，耐湿性差，种植范围窄，仅局限于旱地种植。品种特点是品质好、食味美、粒大、商品价值高，宜作粮食和蔬菜，是我国传统出口商品。

2. 中粒型

百粒重为70~120克，籽粒多为中薄形和中厚形，种皮颜色以绿色和乳白色为主。中粒型资源最多，约占蚕豆总资源数的52%，主要分布在浙江、江苏、四川、云南、贵州、新疆、宁夏、福建和上海等地。代表品种有浙江利丰蚕豆、上虞田鸡青、四川成胡 10 号、云南昆明白皮豆、江苏启豆 1 号等。这类地方品种的特点是适应性广，耐湿性强，抗病性好，水田、旱地均可种植，产量高，宜作粮食和副食品加工。

3. 小粒型

百粒重在 70 克以下，粒型多为窄厚型，种皮颜色有乳白色和绿色两种，植株较矮，结荚较多。小粒型资源约占蚕豆总资源数的 42%，主要分布在湖北、安徽、山西、内蒙古、广西、湖南、浙江、江西、陕西等地。代表品种有浙江平阳早豆子、陕西小胡豆等。这类品种比较耐瘠，对肥水要求不甚严格，一般作为饲料和绿肥种植，也可加工成多种副食品。

(二) 生态型

在生态型上，我国蚕豆可以分为春性和冬性两大类型。

1. 春性蚕豆

分布在春播生态区，苗期可耐 3～5℃ 低温。如将春性蚕豆播种在秋播生态区，不能安全越冬，即不耐冬季 −5～−2℃ 低温。春性蚕豆品种资源约占全国蚕豆总资源数的 30%，其中大粒型占 15%、中粒型占 50%、小粒型占 35%。在全国大粒型品种资源中，春性蚕豆占 70%。

2. 冬性蚕豆

分布在秋播蚕豆生态区，苗期可耐 −5～−2℃ 低温，可以在秋播区安全越冬。主茎在越冬阶段常常死亡，翌年侧枝正常生长发育。冬性蚕豆品种资源约占全国蚕豆总资源数的 70%，其中大粒型占 3%、中粒型占 55%、小粒型占 42%。

(三) 株型

蚕豆植株高度受遗传特性和生态条件的双重影响，为数量遗传。由于各生态区降水量和土壤肥力差异很大，造成蚕豆资源的株高差异也很明显。在春播蚕豆生态区，因降水量少，土壤肥力较差，矮秆资源较多，占比达 48.8%，矮秆资源的株高为 30 厘米；中秆资源占比为 17.5%；高秆资源占比为 33.7%。在秋播蚕豆生态区内，因降水量较多，土壤肥力较好，矮秆资源较少，占比为 18.5%，曼矮资源的株高为 38 厘米；中秆资源占比为 63.4%；高秆资源占比为 18.1%。就全国蚕豆资源来看，矮秆资源占 27.4%、中秆资源占 50%、高秆资源占 22.6%。

（四）种皮颜色

1. 青皮种（绿皮种）

如浙江上虞田鸡青（绿皮）、四川成胡 10 号（浅绿色）、江苏启豆 1 号（绿色）、云南丽江青蚕豆（青皮）、云南楚雄绿皮豆等，这类品种以南方秋播地区为多。

2. 白皮种

如甘肃临夏大蚕豆、青海 3 号、浙江慈溪大白蚕、湖北襄阳大脚板、云南昆明白皮豆等，这类品种以北方春播地区为多。

3. 红皮种（紫皮）

如青海紫反大粒蚕豆、内蒙古紫皮小粒蚕豆、甘肃临夏白脐红、云南大理红皮豆、云南盐丰红蚕豆等。

4. 黑皮种

如四川省阿坝藏族羌族自治州黑皮种，适于春播地区种植，能耐低温。

此外，按用途，分为粮用型、菜用型、肥用型和饲用型 4 种类型；按生育期长短，分为早熟型、中熟型和晚熟型。

二、蚕豆的高产良种

1. 冀张蚕 2 号

品种来源：河北省张家口市农业科学院于 1998 年以崇礼蚕豆为母本、品蚕天-1 为父本杂交选育而成，原品系代号为 98-349。2009 年通过河北省科学技术厅登记，省级登记号为 20093065。

特征特性：春播生育期 107 天。无限结荚习性，株型紧凑，植株直立抗倒伏，幼茎绿色，株高 92.0 厘米。复叶长圆形，花白色有黑斑。单株荚数 9.0 个，荚长 8.0 厘米，成熟荚深褐色，单荚籽粒 2.6 粒。籽粒中厚形，种皮乳白色，黑脐，百粒重 127.3 克。干籽粒蛋白质含量 29.86%，淀粉含量 38.67%，脂肪含量 0.51%。结荚集中，成熟一致不炸荚，适于机械收获。抗锈病，耐旱性较好。

产量表现：2002—2003 年鉴定圃试验平均亩产 301.9 千克，与对照品种（崇礼蚕豆）相比增产 18.5%。2004—2006 年品种比较试验 3 年平均亩产 275.48 千克，与对照品种（崇礼蚕豆）相比增产 20.9%。2007—2009 年张家口市区域试验 5 个试点 3 年平均亩产 305.48 千克，与对照品种（崇礼蚕豆）相比增产 15.9%。2009 年张家口市生产试验在张家口市农业科学院张北试验基地、崇礼原种场、康保良种场、张北镇 4 个试点的平均亩产 226.5 千克，与对照品种（崇礼蚕豆）相比增产 12.7%。

利用价值：主要用于外贸出口，也可用于兰花豆等食品加工。

栽培要点：河北坝上春播在 5 月初至 5 月中旬。播前应适当整地，施足底肥，一般结合整地施氮磷钾复合肥 15～20 千克/亩。一般播种量 17.5～20 千克/亩，播种深度 6～8 厘米，行距 40～50 厘米，株距 10 厘米，种植密度 1.5 万～1.7 万株/亩。选择中等肥力地块，忌重茬。一般中耕 2 次，拔大草一次。第一次中耕在苗高 13～16 厘米时结合追肥进行；第二次中耕在始花期结合培土进行；再过 30 天左右拔大草一次。适时喷药，防治病虫害。当叶片凋落，中下部豆荚变黑干燥、籽粒变硬、充分成熟时收获。

适宜地区：适宜在河北西北高寒区以及内蒙古、山西等类似生态类型区种植。

2. 苏蚕豆 1 号

品种来源：江苏省农业科学院于 2002 年以陵西一寸为母本、

日本大白皮为父本杂交选育而成，原品系代号为苏蚕 02-8。2012 年通过江苏省农作物品种审定委员会鉴定，鉴定编号为苏鉴蚕豆 201201。

特征特性：幼叶绿色，复叶椭圆形，叶肉厚。植株长势旺盛，茎秆粗壮，青绿色，分枝多。花浅紫色，青荚绿色，鲜籽粒浅绿色，干籽粒白色。播种至青荚采收期 200 天，株高 95.1 厘米，主茎分枝 4.4 个。单株荚数 20.2 个，荚长 8.8 厘米、宽2.0 厘米，鲜荚百荚重 1 151.8 克，鲜籽粒百粒重 248.3 克。鲜籽粒口感香甜，品质好。中抗赤斑病和病毒病，抗倒伏性强，耐低温特性好。

产量表现：2009—2011 年区域试验鲜荚平均亩产 1 166.0千克，较对照品种（日本大白皮）增产 5.7%，达显著水平；鲜籽粒平均亩产 410.7 千克，较对照品种（日本大白皮）增产11.4%，达极显著水平。2010—2011 年生产试验鲜荚平均亩产 1 276.7 千克，较对照品种（日本大白皮）增产 35.6%，达极显著水平；鲜籽粒平均亩产 438.7 千克，较对照品种（日本大白皮）增产 24.7%，达极显著水平；干籽粒平均亩产237.2 千克，较对照品种（日本大白皮）增产 38.9%，达极显著水平。

利用价值：鲜籽粒速冻加工可周年供应，青荚可直接上市或保鲜出口。

栽培要点：选用棉花、玉米或其他旱作前茬为茬口，忌连作。10 月上中旬播种，穴播，行距 80 厘米，穴距 20 厘米，每穴 1～2 粒，种植密度 0.4 万株/亩。一般基肥施用氮磷钾复合肥30～40 千克/亩，视苗情长势，盛花期可追施尿素 6～10 千克/亩。整枝 2 次，越冬期去除主茎，翌年 3 月中旬再去除部分病枝、弱枝。当田间将近 1/2 的植株基部已结荚 2～3 个，并且荚长 2.0～3.0 厘米、植株平均有 8 台花序时，在晴天中午摘去顶端 3～6 厘米的嫩梢，可以抑制后期无效营养生长，达到荚多、荚大、提早成熟的目的。在发病初期喷药防治赤斑病；用高效低毒杀虫剂喷雾防治蚜虫；可结合防病，在盛花期开始喷药防治豆象，隔7天再喷1次。清沟理墒，做到雨停田干，降低田间湿度。干籽粒收获后，及时晾晒、脱粒并熏蒸或冷藏处理以防止豆象危害。

适宜地区：适应性广，可在江苏、浙江、上海以及福建蚕豆生态区种植。

3. 苏蚕豆2号

品种来源：江苏省农业科学院于2002年从蚕豆品种大青皮中系统选育而成，原品系代号为苏蚕06-11。2012年通过江苏省农作物品种审定委员会鉴定，鉴定编号为苏鉴蚕豆201202。

特征特性：幼叶绿色，复叶椭圆形，叶肉厚。植株长势旺盛，茎秆粗壮，青绿色，分枝多。花浅紫色，青荚绿色，鲜籽粒绿色，干籽粒青绿色。播种至青荚采收期为198.8天，株高96.6厘米，主茎分枝4.5个。单株荚数29.7个，荚长9.0厘米、宽2.0厘米，鲜荚百荚重1 030.7克，鲜籽粒百粒重265.0克。鲜籽粒口感香甜，品质优良。中抗赤斑病和病毒病，抗倒伏性强。

产量表现：2009—2011年区域试验鲜荚平均亩产1 204.7千克，较对照品种（日本大白皮）增产9.2%，达极显著水平；鲜籽粒平均亩产432.0千克，较对照品种（日本大白皮）增产17.2%，达极显著水平。2010—2011年生产试验鲜荚平均亩产1 213.4千克，较对照品种（日本大白皮）增产28.7%，达极显著水平；鲜籽粒平均亩产425.8千克，较对照品种（日本大白皮）增产21.1%，达极显著水平；干籽粒平均亩产240.3千克，较对照品种（日本大白皮）增产40.7%，达极显著水平。

利用价值：鲜籽粒速冻加工可周年供应，鲜荚可直接上市或保鲜出口。

栽培要点：选用棉花、玉米或其他旱作前茬为茬口，忌连作。10月上中旬播种，穴播，行距80厘米，穴距20厘米，每穴1～2粒，种植密度0.4万株/亩。一般基肥施用氮磷钾复合肥30～40千克/亩，视苗情长势，盛花期可追施尿素6～10千克/亩。整枝2次，越冬期去除主茎，翌年3月中旬再去除部分病枝、弱枝。当田间将近1/2的植株基部已结2～3个荚、荚长2～3厘米、植株平均有8台花序时，在晴天中午摘去顶端3～6厘米的嫩梢，可以抑制后期无效营养生长，达到荚多、荚大、提早成熟的目的。在发病初期喷药防治赤斑病；用高效低毒杀虫剂喷雾防治蚜虫；可结合防病，在盛花期开始喷药防治豆象，隔7天再喷1次。清沟理墒，做到雨停田干，降低田间湿度。干籽粒收获后及时晾晒、脱粒并熏蒸或冷藏处理以防止豆象危害。

适宜地区：适应性广，可在江苏、浙江、上海以及福建蚕豆生态区种植。

4. 通蚕鲜6号

品种来源：江苏沿江地区农业科学研究所于1995年以日本大白皮自然突变体紫皮蚕豆为母本、日本大白皮为父本杂交选育而成，原品系代号为02020，又名紫皮大粒。2007年通过江苏省南通市科学技术局组织的专家鉴定。2016年通过贵州省农作物品种审定委员会审定，审定编号为黔审蚕豆2016002号。

特征特性：鲜食大粒型品种，江苏秋播生育期220天。幼苗匍匐生长，株型较松散，植株直立、抗倒伏。幼茎绿色，株高85.7厘米，主茎分枝3.9个。复叶较大、椭圆形，花浅紫色。单株荚数9.9个，多者可达20个以上，荚长10.6厘米、宽2.8厘米、鲜籽粒长3.0厘米、宽2.2厘米。单荚鲜重20.0～25.0克，长圆形，成熟荚黑色，硬荚，单荚籽粒2.0粒。干籽粒扁圆形，种皮浅紫色，黑脐，百粒重195.0克；鲜籽粒百粒重 411.0 克。干籽粒蛋白质含量 30.20%，淀粉含量 51.80%，单宁含量 0.53%。结荚集中，成熟一致，中后期根系活力强，耐肥，青秸成熟、不裂荚，熟相和丰产性好；中抗赤斑病、白粉病，耐寒性一般，不耐渍，不抗根腐病，感锈病，对病毒病抗性差。

产量表现：鲜荚产量 1 000.0～1 150.0 千克/亩，高者可达 1 350.0 千克/亩以上。2007 年专家现场鉴定取样实测鲜荚平均亩产 1 208.6 千克，鲜籽粒平均亩产 429.0 千克，出籽率 35.5%。2014—2015 年贵州蚕豆品种生产试验鲜荚平均亩产 1 293.9 千克，比成胡 15 号增产 34.4%；鲜籽粒平均亩产 397.5 千克，比成胡 15 号增产 8.0%。

利用价值：鲜食蚕豆，粒大、皮薄、单宁含量低，品质优良，商品价值高。清炒、煮食酥烂易起沙，口味清香；也可速冻加工。

栽培要点：茬口安排以旱作茬口较为理想，蚕豆忌连作。播前应适当整地，施足底肥，用适量腐熟农家肥，再加 25 千克/亩过磷酸钙作基肥。适期播种，播期一般在 10 月 15—20 日，穴播，行距 80 厘米，穴距 25～30 厘米，每穴播种 2 粒，种植密度 0.6 万～0.8 万株/亩。及时中耕除草，并在越冬前适当培土。肥水管理，冬后春前施磷酸氢二铵 15 千克/亩；花荚期视长势可追施尿素 5～10 千克/亩，增加结荚率和粒重；视墒情抗旱、排涝。适时喷药，防治蚜虫、飞虱、蓟马等害虫和病毒病；注意防治蚕豆锈病、赤斑病，应在发病初期开始喷药防治，隔 7 天再喷 1 次。及时收获，江苏在 5 月上中旬，青荚鼓粒饱满、籽粒种脐颜色由黄显黑时即可采摘上市；当青籽粒出现一条黑线时采摘，则会影响蚕豆口感。

适宜地区：适应性广，适宜在江苏、浙江、福建、安徽、湖北、江西、广西、重庆、贵州等地秋播蚕豆区作为鲜食蚕豆种植。

5. 通蚕鲜 7 号

品种来源：江苏沿江地区农业科学研究所于 2000 年以 (93009/97021) F_2//97021 进行回交选育而成，原品系代号为 03010。2012 年通过江苏省农作物品种审定委员会鉴定，鉴定编号为苏鉴蚕豆 201205。2016 年通过贵州省农作物品种审定委员会审定，审定编号为黔审蚕豆 2016003 号。

特征特性：鲜食大粒型品种，江苏省秋播生育期 220 天。幼苗匍匐生长，株型较松散，植株直立、抗倒伏。幼茎绿色，株高 96.7 厘米，主茎分枝 4.6 个。复叶较大、椭圆形，花浅紫色。单株荚数 15.2 个。荚长 11.8 厘米、宽 2.6 厘米，鲜籽粒长 3.0 厘米、宽 2.2 厘米，单荚鲜重 25.0～42.0 克，常年百荚鲜重 4 000.0 克（区域试验平均百荚鲜重 2 500.4 克），长圆形，成熟荚黑色，硬荚，单荚籽粒 2.3 粒。干籽粒扁圆形，种皮浅绿色，黑脐，百粒重 205.0 克；鲜籽粒百粒重 410.0 克（区域试验平均鲜籽粒百粒重 379.3 克）。干籽粒蛋白质含量 30.50%，淀粉含量 53.30%，单宁含量 0.47%。结荚集中，成熟一致，中后期根系活力弱，耐肥，青秸成熟、不裂荚，熟相和丰产性好；抗赤斑病，中抗锈病、抗白粉病、病毒病，耐寒性较强，不耐渍。

产量表现：鲜荚产量 1 000.0～1 200.0 千克/亩，高者可达 1 350.0 千克/亩以上。2009—2011 年江苏区域试验两年平均亩产 1 185.16 千克，比对照品种（日本大白皮）增产 7.4%；鲜籽粒平均亩产 402.69 千克，较对照品种增产 9.3%，出籽率 33.9%。2014—2015 年贵州蚕豆品种生产试验鲜荚平均亩产 1 347.25 千克，比成胡 15 号增产 35.8%；鲜籽粒平均亩产 402.07 千克，比成胡 15 号增产 9.2%。

利用价值：鲜食蚕豆，粒大、皮薄、单宁含量低，品质优良，商品价值高。清炒、煮食酥烂易起沙，口味清香；也可速冻加工。

栽培要点：茬口安排以旱作茬口较为理想，蚕豆忌连作。播前应适当整地，施足底肥，用适量腐熟农家肥，再加 25 千克/亩过磷酸钙作基肥。适期播种，播期一般在 10 月 15—20 日，穴播，行距 80 厘米，穴距 25～30 厘米，每穴播种 2 粒，种植密度 0.6 万～0.8 万株/亩。及时中耕除草，并在越冬前适当培土。肥水管理，冬后春前施磷酸氢二铵 15 千克/亩；花荚期视长势可追施尿素 5～10 千克/亩，增加结荚率和粒重；视墒情抗旱、排涝。适时喷药，防治蚜虫、飞虱、蓟马等害虫和病毒病；注意防治蚕豆锈病、赤斑病，应在发病初期开始喷药防治，隔 7 天再喷 1次。及时收获，江苏在 5 月上中旬，青荚鼓粒饱满、籽粒种脐颜色由黄显黑时即可采摘上市；当青籽粒出现一条黑线时采摘，则会影响蚕豆口感。

适宜地区：适应性广，适宜在江苏、浙江、福建、安徽、湖北、江西、广西、重庆、四川、云南、贵州等地秋播蚕豆区作为鲜食蚕豆种植。

6. 通蚕鲜 8 号

品种来源：江苏沿江地区农业科学研究所于 2000 年以 97035 为母本、Ja-7 为父本杂交选育而成，原品系代号为 03021。2012 年通过江苏省农作物品种审定委员会鉴定，鉴定编号为苏鉴蚕豆 201206。2013 年通过重庆市农作物品种审定委员会审定，审定编号为渝品审鉴 2013002。

特征特性：鲜食大粒型品种，江苏秋播生育期 220 天。幼苗匍匐生长，株型较松散，植株直立、抗倒伏。幼茎绿色，株高 94.5 厘米，主茎分枝 5.2 个。复叶较大、椭圆形，花浅紫色。单株荚数 14.7 个，荚长 11.3 厘米、宽 2.5 厘米，鲜籽粒长 2.8 厘米、宽 2.1 厘米，单荚鲜重 23.0～35.0 克，百荚鲜重 3 800.0克（区域试验平均百荚鲜重 2 346.0 克），长圆形，成熟荚黑色，硬荚，单荚籽粒 2.1 粒。干籽粒扁圆形，种皮浅褐色，黑脐，百粒重 195.0 克；鲜籽粒百粒重 410.0～440.0 克（区域试验平均鲜籽粒百粒重 379.5 克）。干籽粒蛋白质含量 27.90%，淀粉含量 48.60%，单宁含量 0.47%。结荚集中，成熟一致，中后期根系活力强，耐肥；青秸成熟、不裂荚，熟相和丰产性好；中抗赤斑病、锈病，抗白粉病，耐寒性较强，不耐渍。

产量表现：鲜荚产量 1 000.0～1 200.0 千克/亩，高者可达 1 350.0 千克/亩以上。2009—2011 年江苏区域试验两年平均亩产 1 161.6 千克，比对照品种（日本大白皮）增产 5.3%；鲜籽粒平均亩产 388.67 千克，较对照品种增产 5.4%，出籽率 33.5%。

利用价值：鲜食蚕豆，粒大、皮薄、单宁含量低，品质优良，商品价值高。清炒、煮食酥烂易起沙，口味清香；也可速冻加工。

栽培要点：茬口安排以旱作茬口较为理想，蚕豆忌连作。播前应适当整地，施足底肥，用适量腐熟农家肥，再加 25 千克/亩过磷酸钙作基肥。适期播种，播期一般在 10 月 15—20 日，穴播，行距 80 厘米，穴距 25～30 厘米，每穴播种 2 粒，种植密度 0.6 万～0.8 万株/亩。及时中耕除草，并在越冬前适当培土。肥水管理，冬后春前施磷酸氢二铵 15 千克/亩；花荚期视长势可追施尿素 5～10 千克/亩，增加结荚率和粒重；视墒情抗旱、排涝。适时喷药，防治蚜虫、飞虱、蓟马等害虫和病毒病；注意防治蚕豆锈病、赤斑病，应在发病初期开始喷药防治，隔 7 天再喷 1 次。及时收获，江苏在 5 月上中旬，青荚鼓粒饱满、籽粒种脐颜色由黄显黑时即可采摘上市；当青籽粒出现一条黑线时采摘，则会影响蚕豆口感。

适宜地区：适应性广，适宜江苏、安徽、湖北、江西、重庆等地秋播蚕豆区作为鲜食蚕豆种植。

7. 通蚕 9 号

品种来源：江苏沿江地区农业科学研究所于 2000 年以 93017 为母本、Ja 为父本杂交选育而成，原品系代号为 03005。

2012年通过国家小宗粮豆品种鉴定委员会鉴定，鉴定编号为国品鉴杂2012011。

特征特性：鲜食大粒型品种，江苏秋播生育期220天。幼苗匍匐生长，株型较松散，植株直立抗倒伏。幼茎绿色，株高94.0厘米，主茎分枝4.2个。复叶较大、椭圆形，花浅紫色。单株荚数11.5个，荚长9.8厘米、宽2.5厘米，鲜籽粒长2.8厘米、宽2.1厘米，单荚鲜重18.0～28.0克，长圆形，成熟荚黑色、硬荚，单荚籽粒2.0粒。干籽粒扁圆形，种皮浅绿色，黑脐，百粒重170.0克；鲜籽粒百粒重390.0克。干籽粒蛋白质含量29.60%，淀粉含量52.40%，单宁含量0.48%。结荚集中，成熟一致，中后期根系活力强，耐肥，青秸成熟、不裂荚，熟相和丰产性好；中抗赤斑病、锈病，抗白粉病，耐寒性较强，不耐渍。

产量表现：鲜荚亩产900.0～1100.0千克，干籽粒亩产一般150.0～180.0千克，高者可达220.0千克/亩以上。2007—2010年国家秋播蚕豆区域试验干籽粒平均亩产133.53千克，较参试品种平均亩产高1.0%。2011年生产试验干籽粒平均亩产155.1千克，较当地对照增产12.7%。

利用价值：鲜食、粒用蚕豆，粒大、皮薄、单宁含量低，品质优良，商品价值高。清炒、煮食酥烂易起沙，口味清香；也可速冻加工。

栽培要点：茬口安排以旱作茬口较为理想，蚕豆忌连作。播前应适当整地，施足底肥，用适量腐熟农家肥，再加25千克/亩过磷酸钙作基肥。适期播种，播期一般在10月15—20日，穴播，行距80厘米，穴距25～30厘米，每穴播种2粒，种植密度0.6万～0.8万株/亩。及时中耕除草，并在越冬前适当培土。肥水管理，冬后春前施磷酸氢二铵15千克/亩；花荚期视长势可追施尿素5～10千克/亩，增加结荚率和粒重；视墒情抗旱、排涝。适时喷药，防治蚜虫、飞虱、蓟马等害虫和病毒病；注意防治蚕豆锈病、赤斑病，应在发病初期开始喷药防治，隔 7 天再喷 1 次。及时收获，江苏在 5 月上中旬，青荚鼓粒饱满、籽粒种脐颜色由黄显黑时即可采摘上市；当青籽粒出现一条黑线时采摘，则会影响蚕豆口感。

适宜地区：适应性广，适宜在江苏、安徽、湖北、江西、重庆、四川等地秋播蚕豆区作为鲜食蚕豆种植。

8. 皖蚕 1 号

品种来源：安徽省农业科学院作物研究所于 2005 年以地方品种合肥蚕豆为母本、五河大蚕豆为父本杂交选育而成，原品系代号为 CB057-26。2015 年通过安徽省非主要农作物品种登记委员会鉴定，鉴定编号为皖品鉴登字第 1311001。

特征特性：生育期 194 天。植株直立紧凑、整齐，株高 95.8 厘米，有效分枝 7~9 个，茎粗 1.1 厘米，复叶椭圆形、深绿色。幼茎绿色，花紫色，中下部结荚，荚向上。单株荚数 17.1 个，单荚籽粒 1.8 粒，荚长 8.7 厘米、宽 2.2 厘米，籽粒饱满，粒色青绿，鲜籽粒百粒重 378.5 克，干籽粒百粒重 124.7 克。干籽粒蛋白质含量 28.62%，淀粉含量 50.37%，脂肪含量 1.63%。中抗赤斑病和褐斑病。

产量表现：2012—2013 年参加国家蚕豆区域试验安徽合肥点试验，平均亩产 310.82 千克，比参试品种平均亩产高 38.8%。2014 年参加安徽多点试验，最高产量 322.43 千克/亩，平均亩产 270.8 千克，比对照（合肥蚕豆）增产 17.3%。2015 年在安徽省农业科学院岗集基地进行良种繁育，平均亩产 314.73 千克，高产田块平均亩产达 335.31 千克。

利用价值：粒大、粒色鲜艳、皮薄，品质优良，商品价值高，适于鲜食和干籽粒食用。

栽培要点：一般在 10 月中旬至 11 月初播种，最适播种期在 10 月 20 日左右。施肥以基肥为主，肥力中等的田块施用氮磷钾复合肥 20~25 千克/亩，地力较差地块加施适量腐熟农家肥。播种量 15～20 千克/亩，种植行距 50 厘米，株距 25 厘米，每穴 2 粒，播种深度 5～6 厘米，种植密度 0.53 万～0.67 万株/亩。株高 10.0 厘米左右时，进行第一次中耕除草；在植株初花期、封垄之前，根据田间需要进行第二次中耕除草。在蚕豆开至 10～12 台花序时，在晴天露水干后进行打顶，摘除 3～5 厘米嫩尖，以控制营养生长、提高抗倒伏性。花荚期可用 3％磷酸二氢钾追肥，起高产稳产的作用。鲜荚采收应注意及时保鲜处理并尽快上市销售；干籽粒在 90％植株茎秆变黑时采收。收获时应尽量避开阴雨天，以提高蚕豆种子品质和产量。待籽粒晒干至含水量 13％以下之后及时脱粒，并熏蒸入库。

适宜地区：适宜在安徽江淮和淮河以北秋播区及同类型生态区种植。

9. 鄂蚕豆 1 号

品种来源：湖北省农业科学院粮食作物研究所和谷城县农业科学研究所于 2004 年以地方品种黄白小籽为母本、启豆 1 号为父本杂交选育而成，原品系代号为 8068。2015 年通过湖北省农作物品种审定委员会审定，审定编号为鄂审杂 2015002。

特征特性：秋播生育期 185 天。无限结荚习性，苗色深绿，直立生长，茎秆粗壮，株型紧凑，株高 143.0 厘米。主茎分枝 4～6 个，复叶椭圆形，花紫红色，单株荚数 20.0 个，荚长 8.0 厘米，成熟荚深褐色，荚壳薄，豆粒鼓凸于豆荚间，单荚籽粒 2.7 粒，百粒重 85.1 克。干籽粒蛋白质含量 27.50％，淀粉含量 38.30％。新收获干籽粒，种皮青绿色，种皮薄，成熟时熟相清秀，丰产性好。

产量表现：2010—2011 年品种比较试验，比对照品种（成胡 15 号）的生育期长 2 天，比对照品种（启豆 1 号）的生育期短 3 天，比对照品种（成胡 15 号）增产 28.2％，比对照品种（启豆 1 号）增产 4.4％。2011—2012 年品种比较试验，比对照品种（成胡 15 号）的生育期长 1 天，比对照品种（启豆 1 号）

的生育期短 2 天，比对照品种（成胡 15 号）增产 19.3%，比对照品种（启豆 1 号）增产 12.8%。综合两年品种比较试验，平均亩产 207 千克，比对照品种（成胡 15 号）增产 23.1%，比对照品种（启豆 1 号）增产 8.9%。

利用价值：籽粒青绿色有光泽，种皮薄，口感好，商品外观好，经济价值高。

栽培要点：湖北于 10 月 5—25 日播种。其中，丘陵、高山、半高山地区应在 10 月 5—15 日播种。田地的选择应注重轮作换茬，以减轻病虫害发生程度。种植密度 0.6 万～0.8 万株/亩，播种时基肥可选择过磷酸钙 25 千克/亩或氮磷钾复合肥 15～20 千克/亩，播种后施用除草剂进行土壤封闭除草。蚕豆出苗后应及时查苗、补苗，在蚕豆花荚期抢晴好天气清理田内"三沟"，降低田间湿度。苗期注意防治地老虎、红蜘蛛、蚜虫等，花荚期注意防治赤斑病。

适宜地区：湖北及周边蚕豆产区。

10. 渝蚕 1 号

品种来源：重庆市农业科学院特色作物研究所于 2010 年从云豆 147 中选出抗蚕豆赤斑病的变异单株，后经系统选育而成，原品系代号为 2010 混-12-1。2019 年通过重庆市农作物品种审定委员会鉴定，鉴定编号为渝品审鉴 2019037。

特征特性：生育期 191 天，株高 92.4 厘米，主茎分枝 3.3 个，单株荚数 13.2 个，单荚籽粒 2.7 粒，百粒重 84.0 克，种皮白色。干籽粒蛋白质含量 28.8%，淀粉含量 47.5%，脂肪含量 1.2%，膳食纤维含量 15.2%。中抗蚕豆赤斑病。

产量表现：2016—2017 年渝蚕 1 号被推荐进入国家食用豆产业技术体系蚕豆新品种联合鉴定试验，在四川成都、贵州毕节、湖北武汉、江苏南通、重庆永川等 9 个试点进行同步测试。测试结果表明，渝蚕 1 号赤斑病抗性较好，鲜荚平均亩产 987.5 千克，在参试的 25 个品种中排名第 5。2018—2019 年渝蚕 1 号被推荐进入重庆蚕豆区域试验，干籽粒平均亩产 175.6 千克，较对照品种（成胡 16 号）增产 39.5%。

利用价值：适于林下间作套种、豆瓣加工、干籽粒加工等。

栽培要点：选用具有光泽、粒大、饱满、无虫蛀、无霉变、无破裂的种子，播种前晒种 2～3 天。10 月中下旬播种，播种行距 50 厘米、穴距 30 厘米，每穴 3～4 粒种子。宜施氮磷钾复合肥 22 千克/亩作为基肥，施于种穴旁 10 厘米。播种后立即用 96% 精异丙甲草胺乳油 1 500 倍液对土壤进行封闭处理。幼苗 3～4 叶时，查苗、补苗，每穴定苗 2～3 株，留苗 0.8 万株/亩。可在赤斑病发病初期喷药防治，并及早喷药防治蚜虫。在豆荚鼓粒饱满、籽粒种脐颜色由黄显黑时可进行鲜荚采收；在蚕豆叶片凋落、中下部豆荚充分成熟时进行干籽粒采收，晒干脱粒储藏。

适宜地区：适宜在重庆、四川、贵州、湖北、江苏、云南等地种植。

11. 渝蚕 2 号

品种来源：重庆市农业科学院特色作物研究所于 2010 年从云豆 147 选出抗蚕豆赤斑病的变异单株，后经系统选育而成，原品系代号为 2010 混-2-2。2019 年通过重庆市农作物品种审定委员会鉴定，鉴定编号为渝品审鉴 2019038。

特征特性：生育期 191 天，株高 121.3 厘米，主茎分枝 3.3 个，单株荚数 11.9 个，单荚籽粒 2.7 粒，百粒重 73.4 克，种皮绿色。干籽粒蛋白质含量 29.5%，淀粉含量 46.2%，脂肪含量 1.5%，膳食纤维含量 15.5%。中抗蚕豆赤斑病。

产量表现：2016—2017 年渝蚕 2 号被推荐进入国家食用豆产业技术体系蚕豆新品种联合鉴定试验，在四川成都、贵州毕节、湖北武汉、江苏南通、重庆永川等 9 个试点进行同步测试。测试结果表明，渝蚕 2 号对赤斑病抗性较好，鲜荚平均亩产 885.8 千克，在参试的 25 个品种中排名第 9。2018—2019 年渝蚕 2 号被推荐进入重庆蚕豆区域试验，干籽粒平均亩产 168.9 千克，较对照品种（成胡 16 号）增产 34.2%。

利用价值：适于林下间作套种、豆瓣加工、干籽粒加工等。

栽培要点：选用具有光泽、粒大、饱满、无虫蛀、无霉变、无破裂的种子，播种前晒种 2～3 天。10 月中下旬播种，播种行距 50 厘米、穴距 30 厘米，每穴播种 3～4 粒种子。宜施氮磷钾复合肥 22 千克/亩作为基肥，施于种穴旁 10 厘米。播种后立即用 96% 精异丙甲草胺乳油 1 500 倍液对土壤进行封闭处理。幼苗 3～4 叶时，查苗、补苗，每穴定苗 2～3 株，留苗 0.8 万株/亩。可在赤斑病发病初期喷药防治，并及早喷药防治蚜虫。采收：在豆荚鼓粒饱满、籽粒种脐颜色由黄显黑时，可进行鲜荚采收；在蚕豆叶片凋落、中下部豆荚充分成熟时，进行干籽粒采收，晒干脱粒储藏。

适宜地区：适宜在重庆、四川、贵州、湖北、江苏、云南等地种植。

12. 成胡 15 号

品种来源：四川省农业科学院作物研究所于 1986 年从英国洛桑试验站引进的 72 份杂交后代材料中系统选育而成，原品系代号为 41207-1。1999 年通过四川省农作物品种审定委员会审定，审定编号为川审豆 48 号。2013 年通过国家小宗粮豆品种鉴定委员会鉴定，鉴定编号为国品鉴杂 2013008。

特征特性：生育期 191 天。无限结荚习性，直立生长。幼茎浅紫色，成熟茎绿色，株高 120.0 厘米。主茎分枝 4.2 个，复叶长椭圆形、浓绿，花紫色。单株荚数 34.0 个，荚长 7.0 厘米、宽 3.0 厘米，硬荚，微弯，成熟荚黑色，单荚籽粒 2～3 粒。新收获干籽粒窄厚形，种皮浅绿色，黑脐，百粒重 90.7 克。干籽粒蛋白质含量 30.70%。抗病性强。

产量表现：1996—1997 年四川区域试验平均亩产 146.73 千克，较地方对照品种增产 45.7%，较成胡 10 号增产 12.4%。

1998年四川生产试验平均亩产177.0千克，较对照品种（成胡10号）增产11.1％，其中四川简阳试验点产量高达248.13千克。1996—1998年在全国5个省份（四川、浙江、江苏、云南、甘肃）联合试验，平均亩产185.4千克，较全国统一对照品种（浙江慈溪大白蚕）增产49.2％。2007—2010年国家区域试验平均亩产144.13千克，比对照品种增产8.1％。2010—2011年国家生产试验平均亩产170.8千克，比地方对照品种增产10.7％，其中重庆永川试验点亩产高达195.0千克。

利用价值：种皮薄、食味好，可粮菜兼用。

栽培要点：播种期在10月中下旬，肥土、平坝宜迟，瘦土、丘陵宜早。播种量10千克/亩，行距50～67厘米，穴距26～33厘米，肥沃土壤可适当放宽。每穴播种2～3粒，单作种植密度0.8万～1.0万株/亩。底肥在施用农家肥的基础上增施磷肥，花荚期适当追施磷钾肥，田间注意适当排灌。在繁种时应进行隔离，注意选种保纯，防止退化、混杂。

适宜地区：适宜在四川、重庆、湖北的平坝、丘陵生态区秋冬季种植。

13. 成胡18号

品种来源：四川省农业科学院作物研究所于1999年以江苏89027为母本、拉兴-4-1为父本杂交选育而成，原品系代号为9902-5。2009年通过四川省农作物品种审定委员会审定，审定编号为川审豆2009004。

特征特性：生育期180天。无限结荚习性，直立生长。幼茎浅紫色，成熟茎绿色，株高127.8厘米。主茎分枝3.1个，复叶椭圆形、浓绿、花紫色。单株荚数12.2个，硬荚，微弯，成熟荚黑色，单荚籽粒在2.0粒以上。新收获干籽粒窄厚形，种皮浅绿色，黑脐，百粒重108.3克。干籽粒粗蛋白质含量32.90％。抗病性强。

产量表现：2007—2008年四川区域试验平均亩产125.2千

克，较对照品种（成胡 10 号）增产 13.3％。2008 年在四川成都、内江、简阳三地进行生产试验，平均亩产 147.0 千克，较对照品种（成胡 10 号）增产 17.8％。其中，内江试验点亩产高达 153.2 千克。

利用价值：粮饲菜兼用，种皮薄、食味好。

栽培要点：播种期以霜降前后为宜，在平均气温 16～17℃ 时最好，各地可根据当地气温适当调整。播种量 8～10 千克/亩，行距 50～67 厘米，穴距 26～33 厘米，每穴 2～3 粒。净作种植密度 0.8 万～1.0 万株/亩，不宜过密，以免倒伏。底肥增施磷肥，花荚期适当追施磷、钾肥，田间注意适当排灌。在繁殖及推广中应进行隔离，注意选种保纯，防止退化、混杂。晒干后及时熏蒸或冷藏处理以防止豆象危害。

适宜地区：适宜在四川平坝、丘陵生态区秋冬季种植。

14. 成胡 19 号

品种来源：四川省农业科学院作物研究所于 1992 年从叙利亚引入的有限花序材料 84-233 中系统选育而成，原品系代号为 9224-3。2010 年通过四川省农作物品种审定委员会审定，审定编号为川审豆 2010008。

特征特性：生育期 183 天。无限结荚习性，生长势旺，直立生长。幼茎浅紫色，成熟茎绿色，株高 114.9 厘米。主茎分枝 2.4 个，复叶椭圆形、浓绿，花紫色。单株荚数 25.4 个，荚长 7.0 厘米、宽 2.6 厘米，硬荚，微弯，成熟荚黑色，单荚籽粒在 2.0 粒以上。新收获干籽粒窄厚形，种皮浅绿色，黑脐，百粒重 112.5 克。干籽粒粗蛋白质含量 32.50％，脂肪含量 1.25％。高产、稳产，抗病性强。

产量表现：2007—2008 年四川区域试验平均亩产 123.93 千克，比对照品种（成胡 10 号）增产 12.1％。2008 年四川生产试验平均亩产 143.53 千克，比对照品种（成胡 10 号）增产 15.3％，其中内江试验点亩产达 146.4 千克。

利用价值：粮饲菜兼用，种皮薄，食味好，适用于制作豆瓣酱。

栽培要点：霜降前后播种，在平均气温 16～17℃ 时最好，各地可根据当地气温适当调整，肥土、平坝宜迟，瘦土、丘陵宜早。播种量 8～10 千克/亩，行距 50～67 厘米，穴距 26～33 厘米，每穴播种 2～3 粒。净作种植密度 0.8 万～1.0 万株/亩，肥沃土壤可适当放宽。底肥在施用农家肥的基础上增施磷肥，花荚期适当追施磷钾肥，田间注意适当排灌。在繁种时应进行隔离，注意选种保纯，防止退化、混杂。晒干后及时熏蒸或冷藏处理以防止豆象危害。

适宜地区：适宜在四川平坝、丘陵生态区秋冬季种植。

15. 成胡 20 号

品种来源：四川省农业科学院作物研究所于 1999 年以地方品种万县米胡豆为母本、浙江引进材料 H8096-3 为父本杂交选育而成，原品系代号为 9908-1。2014 年通过四川省农作物品种审定委员会审定，审定编号为川审豆 2014004。

特征特性：生育期 193 天。无限结荚习性，生长势旺，直立生长。幼茎浅紫色，成熟茎绿色，株高 111.5 厘米，有效分枝在 3.0 个以上。复叶长椭圆形、绿色，花浅紫色。单株荚数在 10.2 个以上，单荚籽粒 2.0 粒，单株籽粒 22.6 粒，单株粒重 22.9 克。新收获种子中薄形，种皮浅绿色，黑脐，百粒重 108.1 克。干籽粒粗蛋白质含量 28.90%，淀粉含量 30.50%。抗赤斑病、褐斑病，耐寒性、耐湿性较好，耐旱性强。

产量表现：2011—2012 年四川区域试验平均亩产 171.0 千克，较对照品种（成胡 10 号）增产 11.4%。2013 年四川在成都、内江、简阳进行生产试验，平均亩产 174.8 千克，较对照品种（成胡 10 号）增产 16.8%，其中内江试验点亩产高达 208.3 千克。

利用价值：粮、菜及食品加工兼用。

栽培要点：霜降前后播种，各地可根据当地气温适当调整，肥土、平坝宜迟，瘦土、丘陵宜早。播种量 8～10 千克/亩，行距 50～67 厘米，穴距 26～33 厘米，每穴播种 2～3 粒。净作种植密度 0.8 万～1.0 万株/亩，肥沃土壤可适当放宽。底肥在施用农家肥的基础上增施磷肥，花荚期适当追施磷、钾肥，田间注意适当排灌。在繁种时应进行隔离，注意选种保纯，防止退化、混杂。晒干后及时熏蒸或冷藏处理以防止豆象危害。

适宜地区：适宜在四川平坝、丘陵生态区秋冬季种植。

16. 成胡 21 号

品种来源：四川省农业科学院作物研究所于 1992 年以成胡 10 号为母本、叙利亚材料 86-119 为父本杂交选育而成，原品系代号为 9218-2-1-2。2016 年通过四川省农作物品种审定委员会审定，审定编号为川审豆 2016004。

特征特性：生育期 192 天。无限结荚习性，生长势旺，株型紧凑，直立生长。幼茎淡绿色，成熟茎绿色，株高 112.0 厘米，有效分枝在 2.8 个以上。复叶椭圆形、绿色，花浅紫色。结荚部位低，单荚籽粒 2.1 粒，单株籽粒 21.3 粒，单株粒重 21.7 克。新收获种子中薄形，种皮浅绿色，黑脐，百粒重 110.5 克。干籽粒粗蛋白质含量 29.80%，淀粉含量 29.50%。抗赤斑病，耐湿性较好，抗旱性较强。

产量表现：2011—2012 年四川区域试验平均亩产 170.5 千克，较对照品种（成胡 10 号）增产 11.1%。2013 年四川在成都、内江、简阳进行生产试验，平均亩产 166.9 千克，较对照品种（成胡 10 号）增产 11.4%，其中内江试验点亩产高达 194.0 千克。

利用价值：粮、菜及食品加工兼用。

栽培要点：霜降前后播种，各地可根据当地气温适当调整，肥土、平坝宜迟，瘦土、丘陵宜早。播种量 8～10 千克/亩，行距 50～67 厘米，穴距 26～33 厘米，每穴播种 2～3 粒。净作种植密度 0.8 万～1.0 万株/亩，肥沃土壤可适当放宽。底肥在施用农家肥的基础上增施磷肥，花荚期适当追施磷、钾肥，田间注意适当排灌。在繁种时应进行隔离，注意选种保纯，防止退化、混杂。晒干后及时熏蒸或冷藏处理以防止豆象危害。

适宜地区：适宜在四川平坝、丘陵生态区秋冬季种植。

17. 织金小蚕豆

品种来源：贵州省毕节市乌蒙杂粮科技有限公司、毕节市农业科学研究所于 2012 年从地方品种织金青蚕豆的变异株中系统选育而成。2016 年通过贵州省农作物品种审定委员会审定，审定编号为黔审蚕豆 2016001 号。

特征特性：生育期 165 天。株高 70.0 厘米。主茎分枝 4.9 个，单株荚数 29.8 个，单荚籽粒 3.1 粒，鲜籽粒百粒重 164.2 克，干籽粒百粒重 71.7 克。幼苗直立，生长势强，叶片较小，茎秆硬，不裂荚，熟相好。紫花，干籽粒种皮白色，黑脐。抗倒伏，耐寒性、耐湿性较强，中抗赤斑病。

产量表现：2013 年贵州区域试验鲜荚平均亩产 1 204.0 千克，比对照品种增产 7.5%；2014 年区域试验鲜荚平均亩产 1 228.0 千克，比对照品种增产 13.1%；两年平均亩产 1 216.0 千克，比对照品种增产 10.2%，10 个点次均增产，增产点率 100%。2015 年贵州生产试验鲜荚平均亩产 1 100.3 千克，比对照品种增产 10.9%。

利用价值：干籽粒加工和鲜食均可，粒色鲜艳、皮薄，品质优良，适宜加工，商品价值高。

栽培要点：合理轮作，忌连作。适宜播种期在 10 月中下旬至 11 月上中旬，穴播，行距 50～60 厘米，穴距 30 厘米，每穴 2～3 粒，种植密度 0.7 万株/亩。一般施氮磷钾复合肥 2 千克/亩作为底肥；视苗情长势，苗期可追施尿素 5 千克/亩。适时摘心，分 2 次进行，第一次在幼苗生长到有 5 片复叶时，第二次在田间 1/2 的植株基部已结 2～3 个荚，并且荚长 2～3 厘米时。防治蚕豆赤斑病和蚜虫。适时采收，在 4 月下旬至 5 月上中旬，青豆荚鼓粒饱满、籽粒种脐颜色由黄显黑时即可采摘青荚上市；当青籽粒出现一条黑线时采摘，则会影响蚕豆口感；在 5 月下旬，当豆叶大部分正常脱落、豆荚呈现品种固有的颜色、手摇植株有轻微的响声时，抢晴及时收割，收割后堆放 3～5 天，再脱粒晒干。

适宜地区：贵州蚕豆种植区。

18. 云豆 06

品种来源： 云南省农业科学院粮食作物研究所于 2010 年从云南地方种质资源大庄豆中系统选育而成，原品系代号为 06-1506。2015 年通过云南省农作物品种审定委员会审定，审定编号为滇审蚕豆 2015002 号。2018 年通过农业农村部非主要农作物品种登记，登记编号为 GPD 蚕豆（2018）530032。

特征特性： 大粒型蚕豆品种，生育期 194 天。株型紧凑，复叶长圆形、深绿色。幼苗分枝直立，株高 80.5 厘米。主茎分枝 3.5 个，结荚位于植株中部，单株荚数 9.5 个，单荚籽粒 1.8 粒。鲜荚绿色，成熟荚黑褐色，荚质软，荚长 9.2 厘米、宽 1.9 厘米。干籽粒种皮、种脐白色，子叶淡黄色，百粒重 121.0 克。干籽粒单宁含量 0.22%，淀粉含量 40.26%，蛋白质含量 25.10%，总糖含量 6.13%。抗锈病和赤斑病，中抗褐斑病。

产量表现： 云南区域试验平均亩产达到 267.3 千克，比凤豆 1 号增产 1.2%。大田生产试验平均亩产 247.71 千克，增产 9.5%。2009—2016 年在云南昆明、曲靖、楚雄、大理、保山等地的示范推广面积累计 32 100 亩。

利用价值： 鲜荚菜用、干籽粒食品加工及饲用。

栽培要点： 秋播区域最适播种期为 10 月 5—15 日。中等肥力田块种植密度 1.53 万株/亩，根据土壤肥力状况适当增减调整。种植行距 33～40 厘米，株距按播种量调整，开厢条播或稻茬免耕直播，厢面宽度视土壤墒情定。施肥按普通过磷酸钙 30 千克/亩、硫酸钾 15 千克/亩计算用量，作为种肥或苗肥施用。条件允许时，可在现蕾期中耕除草 1 次，使土壤疏松，促进根系发育及根瘤生长。开花至灌浆期灌水 1～2 次，严格控制蚜虫、潜叶蝇。

适宜地区：适宜在云南海拔 1 600～2 400 米的秋播蚕豆产区栽培，以及近似生境的区域种植生产。

19. 云豆 95

品种来源：云南省农业科学院粮食作物研究所于 2008 年以优良品种 8462 为母本、高可溶性糖品种云豆 825 为父本杂交选育而成，原品系代号为 95（34）。2012 年通过云南省农作物品种审定委员会审定，审定编号为滇审蚕豆 2012001 号。2020 年通过农业农村部非主要农作物品种登记，登记编号为 GPD 蚕豆（2019）530028。

特征特性：秋播生育期 180～188 天。无限结荚习性，幼苗分枝半直立，茎秆粗硬，株型紧凑。幼茎绿色，成熟茎绿色，株高 90.0～100.0 厘米。分枝力强，主茎分枝 4.1 个，小叶卵圆形，叶绿色，花白色。单株荚数 12.1 个，单荚籽粒 1.6 粒，荚长 9.0 厘米、宽 1.9 厘米，荚质软，扁筒形，鲜荚绿色，成熟荚黄褐色。新收获干籽粒中厚形，种皮略皱，种皮白色，种脐白色，子叶淡黄色，百粒重 137.0 克。干籽粒蛋白质含量 27.10%，淀粉含量 46.80%，单宁含量 0.29%，总糖含量 5.28%。中抗赤斑病，抗褐斑病。

产量表现：云南区域试验平均亩产达到 288.75 千克，比对照品种（凤豆 1 号）增产 6.8%。大田生产试验亩产 226.3～352.5 千克，平均亩产 292.2 千克，增产 13.3%～29.4%。2012—2016 年在云南昆明、曲靖、楚雄、丽江、保山等地示范推广面积累计 3 210 亩。

利用价值：鲜荚菜用、干籽粒食品加工及饲用。

栽培要点：最适播种期为 10 月 5—15 日，可适当早播，中等肥力田块种植密度按 1.53 万株/亩计算，根据土壤肥力状况增减调整。行距 35~45 厘米，株距按播种量调整，开厢条播，厢面宽度视土壤墒情定。施肥按普通过磷酸钙 30 千克/亩、硫酸钾 15 千克/亩计算用量，作种肥或苗肥施用。现蕾期中耕除草 1 次，使土壤疏松，促进根系发育及根瘤生长。开花至灌浆期灌水 2~3 次，有利于延长绿叶功能期、促进结荚数量和百粒重增加的作用。严格控制蚜虫、潜叶蝇和锈病。

适宜地区：适宜在云南海拔 1 600~2 400 米的区域秋播蚕豆产区栽培，以及近似生境的区域种植生产。

20. 云豆 459

品种来源：云南省农业科学院粮食作物研究所于 2012 年以 89147 为母本、9829 为父本杂交选育而成，原品系代号为 06-459。2016 年通过云南省农作物品种审定委员会审定，审定编号为滇审蚕豆 2016005 号。2018 年通过农业农村部非主要农作物品种登记，登记编号为 GPD 蚕豆（2018）530031。

特征特性：大粒型蚕豆品种，秋季播种至收获生育日数 190 天。无限结荚习性，株型紧凑，株高 86.7 厘米。主茎分枝 2.9 个，单株荚数 10.0 个，单荚籽粒 1.8 粒。荚质软，鲜荚绿色，成熟荚黄褐色，荚长 8.8 厘米、宽 2.0 厘米。干籽粒百粒重 143.0 克，种皮白色，种脐黑色，子叶淡黄色，单株粒重 24.6 克。干籽粒单宁含量 0.23%，淀粉含量 27.16%，蛋白质含量 29.60%，总糖含量 5.12%。中抗锈病、赤斑病和褐斑病。

产量表现：云南区域试验平均亩产达到 252.2 千克，比地方大白豆增产 21.8%。大田生产试验平均亩产 274.6 千克，增产 24.5%。在云南昆明、曲靖、楚雄、大理、保山等地示范推广面积累计 34 950 亩。

利用价值：干籽粒食品加工及饲用。

栽培要点：秋播区域的最佳播种期为 10 月 5—15 日，中等肥力田块种植密度按 1.53 万株/亩计算，根据土壤肥力状况增减调整。行距 33～40 厘米，株距按播种量调整，采用稻后免耕直播或旱地开厢条播的方式，厢面宽度视土壤墒情定。施肥按普通过磷酸钙 30 千克/亩、硫酸钾 15 千克/亩计算用量，作种肥或苗肥施用。旱地种植在现蕾期中耕除草 1 次，使土壤疏松，促进根系发育及根瘤生长。开花至灌浆期灌水 2 次。严格控制蚜虫、潜叶蝇。

适宜地区：适宜在云南海拔 1 600～2 400 米的区域秋播蚕豆产区栽培，以及近似生境的区域种植生产。

21. 云豆 470

品种来源：云南省农业科学院粮食作物研究所于 1991 年以优良品种 8462 为母本、优异种质 8137 为父本杂交成，原品系代号为 94-470。2014 年通过云南省农作物品种审定委员会审定，审定编号为滇审蚕豆 2014002 号。2012 年获国家植物新品种权，品种权号为 CNA20070173.8。2018 年通过农业农村部非主要农作物品种登记，登记编号为 GPD 蚕豆（2018）530033。

特征特性：秋播生育期 180～185 天。无限结荚习性，幼苗分枝半直立，株型紧凑。幼茎绿色，成熟茎绿色，株高 80.0～90.0 厘米。分枝力中等，主茎分枝 3.6 个，小叶长圆形，叶深绿色，花白色。单株荚数 10.4 个，单荚籽粒 1.8 粒，荚长 6.9 厘米、宽 1.8 厘米。荚质软，扁筒形，鲜荚绿色，成熟荚黑褐色。干籽粒百粒重 97.3 克，种皮白色，种脐白色，子叶淡黄色，单株粒重 15.6 克。干籽粒蛋白质含量 23.70%，淀粉含量 39.95%，单宁含量 0.74%。

产量表现：云南区域试验平均亩产达到 215.55 千克。大田生产试验亩产 210.7～268.3 千克，平均亩产 239.0 千克，与对照品种相比增产 15.1%～32.4%。2014—2016 年在云南昆明、曲靖、大理、保山等地示范推广面积累计 3 210 亩。

利用价值：鲜荚菜用、干籽粒食品加工及饲用。

栽培要点：秋播区域最适播种期为 10 月 5—15 日，可适当早播，中等肥力田块种植密度按 2.0 万株/亩计算，根据土壤肥力状况增减调整。行距 33～40 厘米，株距按播种量调整，采用稻后免耕直播或开厢条播的方式，厢面宽度视土壤墒情定。施肥按普通过磷酸钙 30 千克/亩、硫酸钾 10 千克/亩计算用量，作为种肥或苗肥施用。现蕾期中耕除草 1 次，使土壤疏松，促进根系发育及根瘤生长。开花至灌浆期灌水 2～3 次。严格控制蚜虫、潜叶蝇和锈病。

适宜地区：适宜在云南海拔 1 600～1 900 米的区域秋播蚕豆产区栽培，以及近似生境的区域种植生产。

22. 云豆 690

品种来源：云南省农业科学院粮食作物研究所于 1984 年以 K0285 为母本、以叙利亚国际干旱地区农业研究中心优异种质 8047 为父本杂交选育而成，原品系代号为 91-690，保存单位编号为 K0746。2006 年通过云南省农作物品种审定委员会审定，审定编号为滇审蚕豆 200601。2020 年通过农业农村部非主要农作物品种登记，登记编号为 GPD 蚕豆（2020）530005。

特征特性：秋播、中粒型品种，生育期 190 天。无限开花习性，幼苗分枝半匍匐，株高 100.0 厘米。株型紧凑，幼茎绿色，成熟茎褐黄色，分枝力中等，主茎分枝 3.7 个，小叶卵圆形，叶绿色，花白色。单株荚数 11.9 个，单荚籽粒 1.9 粒，荚长 8.3 厘米、宽 2.0 厘米。荚扁筒形，荚质软，鲜荚绿色，成熟荚黄褐色。种皮白色，种脐白色，子叶淡黄色，籽粒中厚形，百粒重 116.3 克，单株粒重 28.9 克。干籽粒淀粉含量 40.04%，蛋白质含量 28.90%。抗寒性中等。

产量表现：云南区域试验干籽粒平均亩产 279.73 千克，比对照品种（534）增产 9.8%。大田生产试验干籽粒产量 244.73～460.67 千克，平均亩产 286.0 千克，与对照品种相比增产

13.2%~21.3%。2013—2016 年在云南昆明、曲靖、丽江等地示范推广面积累计 3 450 亩。

利用价值：食品加工及饲用。

栽培要点：秋播区域最佳播种期为 9 月 25 日至 10 月 20 日。中等肥力田地种植密度按 1.53 万株/亩计算，并根据土壤肥力状况增减调整。行距 33~40 厘米，株距按播种量调整，选择开厢条播或稻茬免耕直播，厢面宽度根据地块供水条件定。适当增施钾肥及农家肥，按普通过磷酸钙 30 千克/亩、按硫酸钾 10 千克/亩计算用量，作为种肥或苗肥施用。开花期至灌浆期灌水 1 次。严格控制蚜虫及锈病。

适宜地区：适宜在云南海拔 1 600~2 400 米的蚕豆产区及近似生境的区域种植。

23. 云豆 853

品种来源：云南省农业科学院粮食作物研究所于 1999 年从云南省地方优异资源 K0853 中系统选育而成，原品系代号为 K0853 系。2009 年通过云南省农作物品种审定委员会审定，审定编号为滇审蚕豆 2009002 号。

特征特性：秋播生育期 180~188 天。无限结荚习性，幼苗分枝半直立，株型紧凑。幼茎绿色，成熟茎绿色，株高 80.0~90.0 厘米。分枝力强，主茎分枝 4.9 个，小叶长圆形，叶深绿色，花白色。单株荚数 11.1 个，单荚籽粒 1.8 粒，荚长 9.2 厘米、宽 2.1 厘米，荚质软，扁筒形，鲜荚绿色，成熟荚黑褐色。新收获干籽粒阔厚形，种皮白色，种脐黑色，子叶淡黄色，百粒重 139.8 克。干籽粒蛋白质含量 27.30%，淀粉含量 42.70%，脂肪含量 2.14%，单宁含量 0.52%。

产量表现：云南区域试验平均亩产达到 281.3 千克，比对照品种（地方大白豆）增产 0.5%。大田生产试验亩产 217.0~298.36 千克，平均亩产 240.2 千克，与对照品种相比增产 15.3%~24.1%。2009—2016 年在云南昆明、曲靖、楚雄、大理、保山等地示范推广面积累计 4 710 亩。

利用价值：鲜荚菜用、干籽粒食品加工及饲用。

栽培要点：最适播种期为 10 月 5—15 日，可适当早播、适当稀播，中等肥力田块种植密度按 1.2 万株/亩计算，根据土壤肥力状况增减调整。行距 40～50 厘米，株距按播种量调整，采用稻后免耕直播或旱地开厢条播的方式，厢面宽度视土壤墒情定。施肥按普通过磷酸钙 30 千克/亩、硫酸钾 15 千克/亩计算用量，作为种肥或苗肥施用。旱地种植在现蕾期中耕除草 1 次，使土壤疏松，促进根系发育及根瘤生长。开花至灌浆期灌水 2～3 次，延长生殖生长时间，保花保荚和增加百粒重。严格控制蚜虫、潜叶蝇和锈病。

适宜地区：适宜在云南海拔 1 600～2 200 米的区域秋播蚕豆产区栽培，以及近似生境的区域种植生产。

24. 云豆 9224

品种来源：云南省农业科学院粮食作物研究所于 1999 年以育成品系 3533 为母本、优异地方种质 K0393 为父本杂交选育而成，原品系代号为 92-24。2007 年通过云南省农作物品种审定委员会审定，审定编号为滇审蚕豆 200702 号。

特征特性：大粒型品种。秋播生育期 179 天。无限结荚习性，幼苗分枝半直立，株型紧凑。株高 83.8 厘米，着荚节位低，始荚节位高 26.0 厘米。主茎分枝 2.6 个，单株荚数 10.7 个，单荚籽粒 1.6 粒，荚长 8.2 厘米、宽 1.9 厘米，荚质软，鲜荚绿色，成熟荚黄褐色，单株粒重 18.8 克。干籽粒百粒重 126.1 克，干籽粒种皮白色，种脐黑色，子叶淡黄色。干籽粒蛋白质含量 27.54%，淀粉含量 45.76%。耐热性、耐旱性强，在生育后期的高温（高于 26℃）环境中，植株不早衰，干籽粒产量增加显著。

产量表现：云南区域试验平均亩产达到 198.3 千克，比对照品种（地方大白豆）增产 4.1%。大田生产试验平均亩产 267.6 千克，与对照品种相比增产 10.0%。在云南昆明、曲靖、楚雄、大理、保山等地示范推广面积累计 1 680 亩。

利用价值：鲜荚菜用、干籽粒食品加工及饲用。

栽培要点：最适播种期为 10 月 5—15 日，可适当早播，适当密植，按中等肥力田块种植密度 1.67 万～2.0 万株/亩计算，根据土壤肥力状况增减调整。行距 40～50 厘米，株距按播种量调整，采用稻后免耕直播或旱地开厢条播的方式，厢面宽度视土壤墒情定。施肥按普通过磷酸钙 30 千克/亩、硫酸钾 15 千克/亩计算用量，作种肥或苗肥施用。旱地种植在现蕾期中耕除草 1 次，使土壤疏松，促进根系发育及根瘤生长。为延长绿叶功能期，促进荚数量和百粒重增加，在开花至灌浆期灌水 2 次。严格控制蚜虫、潜叶蝇和锈病。

适宜地区：适宜在云南海拔 1 600～2 200 米的区域秋播蚕豆产区栽培，以及近似生境的区域种植生产。

25. 云豆绿心 1 号

品种来源：云南省农业科学院粮食作物研究所于 1993 年以云南特有绿子叶地方资源 K0088 为母本、育成品种云豆 8317 为父本杂交选育而成，原品系代号为 98-112。2012 年获得植物新品种权，品种权号为 CNA20070175.4。

特征特性：秋播生育期 190 天。无限结荚习性，幼苗分枝半直立，小叶长圆形，叶深绿色，花白色，翼瓣无黑斑、短小。株型紧凑，株高 80.0 厘米，分枝力中等，主茎分枝 3.5 个。单株荚数 12.9 个，单荚籽粒 2.2 粒，荚长 6.8 厘米、宽 1.7 厘米，荚质软，扁筒形，鲜荚绿色，成熟荚黑褐色。干籽粒种皮浅绿色，种脐白色，子叶绿色，百粒重 75.0 克，籽粒均匀度好，粒厚。干籽粒蛋白质含量 25.40%，淀粉含量 43.71%。

产量表现：小区试验干籽粒平均亩产达到 186.07 千克，较对照品种增产 44.6%。

利用价值：鲜荚菜用、速冻加工、干籽粒食品加工及饲用。

栽培要点：最适播种期为 10 月 5—15 日，按中等肥力田块种植密度 1.67 万～2.0 万株/亩计算，根据土壤肥力状况增减调整。行距 40～50 厘米，株距按播种量调整，采用稻后免耕直播或旱地开厢条播的方式，厢面宽度视土壤墒情定。施肥按普通过磷酸钙 30 千克/亩、硫酸钾 10 千克/亩计算用量，作为种肥或苗肥施用。现蕾期中耕除草 1 次，使土壤疏松，促进根系发育及根瘤生长。开花至灌浆期灌水 2～3 次，有利于延长绿叶功能期、促进荚数量和百粒重增加。严格控制蚜虫、潜叶蝇和锈病。

适宜地区：适宜在云南海拔 1 600～2 400 米的区域秋播蚕豆产区栽培，以及近似生境的区域种植生产。

26. 云豆绿心 2 号

品种来源：云南省农业科学院粮食作物研究所于 1998 年以云南特有绿子叶地方资源 K0088 为母本、育成品种云豆 8317 为父本杂交选育而成，原品系代号为 98-133。2012 年获植物新品种权，品种权号为 CNA20070176.2。

特征特性：播种后 90 天左右开花，生育期 190 天。无限结荚习性，中矮秆株型，株高 90.0 厘米。花白色，翼瓣无黑斑、短小。分枝力强，主茎分枝 4.1 个，单株荚数 10.3 个，单荚籽粒 1.7 粒，荚长 7.0 厘米、宽 2.0 厘米，荚质软，鲜荚绿色，成熟荚黑褐色。大粒型，干籽粒百粒重 127.4 克，种皮浅绿色，种脐白色，子叶绿色。干籽粒蛋白质含量 25.40%，单宁含量 0.73%，淀粉含量 43.71%。

产量表现：生产试验干籽粒平均亩产达到 250.0 千克。

利用价值：由于子叶绿色的优异特性，可作为特色食品加工和用于鲜荚生产。

栽培要点：最适播种期为 10 月 5—15 日，按中等肥力田块种植密度 1.33 万～1.67 万株/亩计算，根据土壤肥力状况增减调整。行距 40～50 厘米，株距按播种量调整，采用稻后免耕直播或旱地开厢条播的方式，厢面宽度视土壤墒情定。施肥按普通过磷酸钙30千克/亩、硫酸钾15千克/亩计算用量，作为种肥或苗肥施用。现蕾期中耕除草1次，使土壤疏松，促进根系发育及根瘤生长。开花至灌浆期灌水2～3次，有利于延长绿叶功能期、促进荚数量和百粒重增加。严格控制蚜虫、潜叶蝇和锈病。

适宜地区：适宜在云南海拔1 600～2 200米的区域秋播蚕豆产区栽培，以及近似生境的区域种植生产。

27. 云豆绿心3号

品种来源：云南省农业科学院粮食作物研究所于2001年以育成品种云豆825为母本、云南地方资源K0088/育成品种云豆8317的优异单株为父本杂交选育而成，原品系代号为06-979。2017年获植物新品种权，品种权号为CNA20130605.0。

特征特性：秋播生育期190天。无限结荚习性，幼苗分枝半直立，株型紧凑。株高80.0厘米，分枝力中等，主茎分枝3.3个。小叶长圆形，叶深绿色，花白色，翼瓣无黑斑、短小。单株荚数8.9个，单荚籽粒1.4粒，荚长8.2厘米、宽2.0厘米。荚质软，扁筒形，鲜荚绿色，成熟荚黄褐色。干籽粒种皮浅绿色，种脐白色，子叶绿色，百粒重139.8克。干籽粒蛋白质含量31.10%，淀粉含量44.39%，总糖含量4.28%。

产量表现：品种比较试验干籽粒亩产148.0～210.0千克，较对照品种增产18.4%。

利用价值：鲜荚菜用、干籽粒食品加工及饲用。

栽培要点：最适播种期为10月5—15日，按中等肥力田块种植密度1.53万株/亩计算，根据土壤肥力状况增减调整。行距40～50厘米，株距按播种量调整，采用稻后免耕直播或旱地开厢条播的方式，厢面宽度视土壤墒情定。施肥按普通过磷酸钙30千克/亩、硫酸钾15千克/亩计算用量，作为种肥或苗肥施用。现蕾期中耕除草1次，使土壤疏松，促进根系发育及根瘤生长。开花至灌浆期灌水2～3次，有利于延长绿叶功能期，促进荚数量和百粒重增加。严格控制蚜虫、潜叶蝇和锈病。

适宜地区：适宜在云南海拔 1 600～2 200 米的区域秋播蚕豆产区栽培，以及近似生境的区域种植生产。

28. 云豆早 6

品种来源：云南省农业科学院粮食作物研究所于 2010 年从云南省地方品种中系统选育而成，单位保存编号为 K1773。2017 年申请植物新品种权保护。

特征特性：秋播、大粒型品种，生育期 162 天。无限结荚习性，大粒是较为突出的优点，播种后 46 天开花，播后 70 天左右即可采收鲜荚。株高 75.9 厘米，主茎分枝 3.8 个，有效分枝 3.2 个。单株荚数 10.9 个，单荚籽粒 1.7 粒，荚长 9.8 厘米、宽 2.3 厘米，荚质软，鲜荚绿色，成熟荚黄褐色。种皮白色，种脐黑色，子叶淡黄色，干籽粒百粒重 185.2 克。由于具有特有的早熟性，云豆早 6 对锈病、潜叶蝇有较好的抗性。

产量表现：云南区域内生产试验平均亩产 260.1 千克，鲜荚亩产 850.02～1 008.03 千克。2013—2017 年在云南昆明、红河、曲靖、楚雄、玉溪、保山等地示范推广面积累计 7 500 亩。

利用价值：鲜食荚、籽粒或者干籽粒食品加工及饲用。

栽培要点：选择海拔 1 600 米以下冬季无霜区域种植，于 8 月 20 日至 9 月 15 日播种，按中等肥力田块种植密度 1.53 万株/亩计算，根据土壤肥力状况增减调整。行距 33～40 厘米，株距按播种量调整，采用稻后免耕直播或旱地开厢条播的方式，厢面宽度视土壤墒情定。施肥按普通过磷酸钙 30 千克/亩、硫酸钾 15 千克/亩计算用量，作为种肥或苗肥施用。现蕾期中耕除草 1 次，使土壤疏松，促进根系发育及根瘤生长。开花至灌浆期灌水 2～3 次，花荚期喷施叶面肥 1 次。严格控制蚜虫、潜叶蝇和锈病。

适宜地区：适宜在云南海拔 1 600 米以下区域秋播种植，或者 2 200～2 400 米区或夏季种植。

29. 云豆早 8

品种来源：云南省农业科学院粮食作物研究所于 2003 年从云南省地方优异资源 K0729 中系统选育而成，原品系代号为 K0729 系 2。2017 年获国家植物新品种权，品种权号为 CNA20130607.8。2019 年通过农业农村部非主要农作物品种登记，登记编号为 GPD 蚕豆（2019）530001。

特征特性：秋播、大粒型品种，生育期 160～190 天。播种后 45～50 天现蕾，70 天左右开花，早秋种植在播种后 110～120 天即可采收鲜荚。无限结荚习性，株高 89.5 厘米，主茎分枝 3.8 个。单株荚数 11.9 个，单荚籽粒 1.9 粒，荚长 9.9 厘米、宽 2.0 厘米。荚质软，鲜荚绿色，成熟荚黄褐色。种皮绿色，种脐绿色，子叶淡黄色，干籽粒百粒重 136.0～154.0 克。干籽粒单宁含量 0.31%，淀粉含量 45.98%，蛋白质含量 27.90%。生育期短，成熟早，对锈病、潜叶蝇有较好的抗性。

产量表现：大田生产试验干籽粒平均亩产 315.0 千克，鲜荚亩产 1 000.0～1 800.0 千克。2015—2018 年在云南昆明、曲靖、楚雄、丽江、保山等地示范推广面积累计 49 501.5 亩。

利用价值：低单宁优质鲜食荚、鲜籽粒型蚕豆品种。

栽培要点：秋播最适播种期为 9 月 25 日至 10 月 10 日，可适当早播，早秋种植最佳播种期为 8 月 15 日至 9 月 20 日。按中等肥力田块种植密度 1.33 万～1.67 万株/亩计算，根据土壤肥力状况作增减调整。行距 33～40 厘米，株距按播种量调整，旱地开厢条播或稻茬免耕直播，厢面宽度视土壤墒情定。施肥按普通过磷酸钙 30 千克/亩、硫酸钾 15 千克/亩计算用量，作种肥或苗肥施用。现蕾期中耕除草 1 次，使土壤疏松，促进根系发育及根瘤生长。开花至灌浆期灌水 2～3 次，有利于延长绿叶功能期，促进荚数量和百粒重增加。严格控制蚜虫和潜叶蝇。由于生育进程较快、熟期早，在栽培中应注意种植环境的选择，栽培中必须根据当地的小气候条件，严格选择区域和播种期，最好选择无霜冻或霜期较短的区域栽培种植。

适宜地区：适宜在云南海拔 1 600～1 800 米的区域栽培种植或者海拔 1500 米以下无霜区域早秋种植。

30. 云豆 1183

品种来源：云南省农业科学院粮食作物研究所于 2001 年以丰产优良品种云豆 147 为母本、优异法国种质法 12 为父本杂交选育而成，原品系代号为 2003-1183。父本保存单位编号为 K0856。2015 年获国家植物新品种权，品种权号为 CNA20090505.7。

特征特性：播种后 90～120 天即可采收鲜荚，秋播生育期170～180 天。无限结荚习性，幼苗分枝直立，叶小，茎秆细，株型紧凑，幼茎红色，株高 80.0～90.0 厘米。分枝力中等，主茎分枝 3.2 个，小叶卵圆形，叶深绿色，花白色。单株荚数16.8 个，单荚籽粒 1.9 粒，荚长 8.6 厘米、宽 1.5 厘米，荚质硬，圆筒形，鲜荚绿色，成熟荚黄褐色。新收获干籽粒中厚形，种皮白色，种脐黑色，子叶淡黄色，百粒重 64.5 克。干籽粒蛋白质含量 28.70%，淀粉含量 41.46%，单宁含量 0.70%。中抗锈病。

产量表现：大田生产试验亩产 220.0～280.0 千克，平均亩产 239.0 千克，与对照品种相比增产 15.1%～32.4%。2014—2016 年在云南昆明、曲靖、大理、保山等地示范推广面积累计3 001.5 亩。

利用价值：鲜籽粒速冻加工外销菜用，干籽粒食品加工、饲用。

栽培要点：最适播种期为 10 月 1—15 日，可适当早播，按中等肥力田块种植密度 3.0 万株/亩计算，根据土壤肥力状况增减调整。行距 33～40 厘米，株距按播种量调整，开厢条播，厢面宽视土壤墒情定。施肥按普通过磷酸钙 30 千克/亩、硫酸钾10 千克/亩计算用量，作为种肥或苗肥施用。现蕾期中耕除草 1

次，使土壤疏松，促进根系发育及根瘤生长。开花至灌浆期灌水2～3次。严格控制蚜虫、潜叶蝇和赤斑病。

适宜地区：适宜在冬季冻害较轻的蚕豆产区，在云南海拔低于1 600米的区域春季种植，或海拔1 600～2 400米的区域早秋和夏季栽培种植，以及近似生境的区域种植生产。

31. 云豆2883

品种来源：云南省农业科学院粮食作物研究所于2020年以育成品种云豆147为母本、法国蚕豆资源为父本杂交选育而成，原品系代号为2007-2883。单位保存编号为K1236。

特征特性：长荚、大粒型品种，秋播区域种植生育期191天。无限结荚习性，植株分枝角度大，株高中等，为90.0厘米，分枝力强，主茎分枝4.5个。单株荚数8.9个，单荚籽粒3.2粒，荚质软，鲜荚绿色，成熟荚黄褐色，荚长13.0厘米、宽2.0厘米。干籽粒阔厚形，种皮白色，种脐黑色，子叶淡黄色，百粒重142.2克。干籽粒蛋白质含量27.80%，淀粉含量45.41%，总糖含量5.04%。中抗锈病。

产量表现：大田生产试验干籽粒平均亩产280.0千克。在云南昆明、曲靖、楚雄、大理、保山等地示范推广面积累计1 501.5亩。

利用价值：较为理想的鲜食籽粒、食荚类型专用品种。

栽培要点：最佳播种期为10月5—15日，按中等肥力田块种植密度1.0万～1.53万株/亩计算，根据土壤肥力状况增减调整。行距40厘米（也可以大小行种植，小行行距30厘米、大行行距60厘米），株距按播种量调整，采用稻后免耕直播或旱地开厢条播的方式，厢面宽视土壤墒情定。施肥按普通过磷酸钙50千克/亩、硫酸钾15千克/亩计算用量，作为种肥或苗肥施用。旱地种植在现蕾期中耕除草1次，使土壤疏松，促进根系发育及根瘤生长。开花至灌浆期灌水2次。严格控制蚜虫、潜叶蝇。

适宜地区：适宜在云南海拔 1 600～2 400 米的区域秋播蚕豆产区栽培，以及近似生境的区域种植生产。

32. 凤豆 6 号

品种来源：云南省大理白族自治州农业科学推广研究院于 1988 年以凤豆 1 号为母本、82-2 为父本杂交选育而成，原品系代号为 8817-8-2。1999 年通过云南省农业厅审定，审定编号为滇蚕豆 10 号。2019 年通过农业农村部非主要农作物品种登记，登记编号为 GPD 蚕豆（2019）530017。

特征特性：生育期 178～182 天。株型紧凑，茎秆壮实，株高 110.5～119.8 厘米，主茎分枝 2.4～2.5 个，苗期分枝半直立，茎秆淡紫色，复叶卵圆形、淡绿色，花紫红色，每簇 4～5 朵花，成熟时落叶。荚皮嫩薄，荚长 7.8～8.3 厘米，单株荚数 8.9～11.2 个，单株籽粒 15.8～18.2 粒。籽粒窄厚形、饱满，种皮白色，腰部有黑斑，种脐白色，商品性好，种皮破裂率为零，百粒重 107.5～119.4 克。干籽粒蛋白质含量 26.70%，淀粉含量 46.99%，脂肪含量 0.71%。抗倒伏、抗寒性、耐渍性较好，中抗锈病，适宜在中等肥力田上种植。

产量表现：亩产一般为 281.13～362.41 千克，最高亩产 421.45 千克。1995 年参加蚕豆新品种比较试验，平均亩产 334.83 千克，居第一位，比对照品种（凤豆 1 号）增产 15.0%。1996—1997 年参加云南省 6 个市（州）6 个试验点西北地区蚕豆丰产稳产性区域试验，两年试验平均亩产 257.57 千克，居第二位，比对照品种（凤豆 1 号）增产 2.7%，比各地推广种增产 15.5%。1997—1998 年参加云南省 8 个市（州）12 个县（市、区）的蚕豆区域试验，两年试验平均亩产 237.82 千克，居第二位，比高产良种凤豆 1 号增产 4.0%。

利用价值：品质优良，粮饲兼用型，也可鲜食。

栽培要点：适其播种，秋播最佳播种期为 10 月 10—20 日。基本苗 1.8 万～2.0 万株/亩，要求播种株行距为 13.5 厘米×

26.0 厘米或 16.0 厘米×20.0 厘米。播种后盖适量优质农家肥或稻草，豆苗 2.5～5.0 片叶期施普通过磷酸钙 30 千克/亩、硫酸钾 15 千克/亩，不施或慎施氮素化肥。及时防治蚜虫、潜叶蝇，防除田间杂草及鼠害。及时灌好现蕾初花水、盛花水、灌浆鼓粒水等，整个生育期一般要求灌水 3～4 次。适时收获，荚壳多数变黄、少数变黑为最佳收获期。

适宜地区：适宜云南海拔 1 600～2 100 米的豆作区种植，又可在海拔 2 100～3 000 米的山区作鲜食蚕豆夏秋播。

33. 凤豆 13 号

品种来源：云南省大理白族自治州农业科学推广研究院于 1996 年以法国豆为母本、82-3 为父本杂交选育而成，原品系代号为 9669-3。2011 年通过云南省农作物品种审定委员会审定，审定编号为滇审蚕豆 2011001 号。2020 年通过农业农村部非主要农作物品种登记，登记编号为 GPD 蚕豆（2020）530015。

特征特性：生育期 175～180 天。生长特点为前期快、后期慢，花期长，株型紧凑，茎秆壮实。株高 78.3～99.4 厘米，主茎分枝 2.3～2.7 个，苗期分枝直立，茎秆紫红色，复叶长椭圆形、淡绿色，花紫色，簇花 4～6 朵。成熟时不落叶，荚皮嫩薄，荚长 8.0～10.0 厘米，单株荚数 9.9～12.3 个，单株籽粒 16.8～20.3 粒。籽粒阔厚形，籽粒饱满，种皮白色，种脐白色，商品性较好，种皮破裂率为零。百粒重 127.1～140.2 克，干籽粒蛋白质含量 30.40%，单宁含量 0.54%，淀粉含量 40.60%，脂肪含量 1.62%。耐渍性、抗倒伏性较好，锈病抗性强，抗豆象危害，适宜在中上等肥力田块种植。

产量表现：亩产一般为 265.32～380.57 千克，最高亩产 462.0 千克。2005 年参加蚕豆新品种比较试验，平均亩产 365.0 千克，居第一位，比对照品种（凤豆 1 号）增产 29.7%。2007—2008 年参加云南省 8 个市（州）12 个县（市、区）蚕豆新品种丰产稳产性区域试验，两年试验平均亩产 294.63 千克，居第一位，比对照品种（凤豆1号）增产4.8%，比各地推广品种增产5.3%。

利用价值：品质优良，粮饲兼用型，也可鲜食。

栽培要点：适期播种，最佳播种期为10月10—20日，播种株行距为13.5厘米×26.0厘米或16.0厘米×20.0厘米，基本苗1.8万～2.0万株/亩。播种后覆盖适量优质农家肥或稻草，豆苗2.5～5.0片叶期施普通过磷酸钙30千克/亩、硫酸钾15千克/亩，不施或慎施氮素化肥。及时灌好现蕾期初花水、盛花水、灌浆鼓粒水，整个生育期灌水3～4次。根据该品种生长发育的特点，在豆苗生长前期，应适当控制肥水，使其蹲苗，促使幼苗生长健壮；现蕾初花期进行田间整枝、间苗，有利于通风透光；终花散尖期摘除顶部嫩梢，促早熟、增粒重。注意防治蚜虫、潜叶蝇，防除田间杂草及鼠害等。荚壳多数变黄、少数变黑时一次性收获。

适宜地区：适宜在云南、贵州、四川和重庆海拔1 600～2 200米的豆作区种植。

34. 凤豆15号

品种来源：云南省大理白族自治州农业科学推广研究院于1997年以8817-6为母本、加拿大豆为父本杂交选育而成，原品系代号为9733-2。2011年通过云南省农作物品种审定委员会审定，审定编号为滇审蚕豆2011002号。2018年通过农业农村部非主要农作物品种登记，登记编号为GPD蚕豆（2018）530027。

特征特性：生育期166～170天。株型紧凑，株高89.1～107.6厘米，主茎分枝2.7～3.0个，苗期分枝半直立，茎秆浅紫红色，复叶长卵圆形、深绿色、花紫红色，簇花4～5朵。成熟时不落叶，不倒伏，荚皮嫩薄，荚长6.5～8.5厘米，单株荚数9.6～12.4个，单株籽粒16.5～20.2粒。籽粒中厚形，籽粒饱满，种皮白色，种脐白色，商品性较好，种皮破裂率为零。百

粒重 111.4～122.7 克，干籽粒蛋白质含量 28.20%，单宁含量
0.27%，淀粉含量 46.15%，总糖含量 4.87%。耐寒性、耐渍
性、抗倒伏性较好，经鉴定为抗锈病、中抗褐斑病，适宜在中上
等肥力田块种植。

产量表现：亩产一般为 264.50～399.25 千克，最高亩产
438.25 千克。2004 年参加蚕豆新品种比较试验，平均亩产
399.25 千克，居第一位，比对照品种（凤豆 1 号）增产 41.0%。
2005—2006 年参加云南蚕豆新品种联合区域试验，9 个品种 8 个
试验点两年平均亩产 273.6 千克，居第一位，比对照品种（凤豆
1 号）增产 15.6%，比各地对照品种增产 11.0%。2009—2010
年参加云南省 8 个市（州）12 个县（市、区）蚕豆新品种丰产
稳产性区域试验，两年试验平均亩产 293.9 千克，居第二位，比
对照品种（凤豆 1 号）增产 8.7%。

利用价值：品质优良，粮饲兼用型，也可鲜食。

栽培要点：适期播种，最佳播种期为 10 月 5—20 日，播种株
行距为 14 厘米×26 厘米或 17 厘米×20 厘米，基本苗 1.8 万～2.0
万株/亩。播种后覆盖适量优质农家肥或稻草，豆苗 2.5～5.0 片
叶期施普通过磷酸钙 30 千克/亩、硫酸钾 15 千克/亩，不施或慎
施氮素化肥。及时灌好现蕾期初花水、盛花水、灌浆鼓粒水，整
个生育期灌水 3～4 次。根据该品种生长发育的特点，在豆苗生
长前期应适当控制肥水，使其蹲苗，促使幼苗生长健壮；现蕾初
花期进行田间整枝，有利于通风透光；终花散尖期摘除顶部嫩
梢，促早熟、增粒重。注意防治蚜虫、潜叶蝇，防除田间杂草及
鼠害等。荚壳多数变黄、少数变黑时一次性收获。

适宜地区：适宜在云南、贵州、四川和重庆海拔 1 600～
2 400 米的豆作区种植。

35. 凤豆 19 号

品种来源：云南省大理白族自治州农业科学推广研究院于
2004 年以 9102-1-1-1 为母本、X7-1 为父本杂交选育而成，原品

系代号为 04160-1。2016 年通过云南省农作物品种审定委员会审定，审定编号为滇审蚕豆 2016002 号。2019 年通过农业农村部非主要农作物品种登记，登记编号为 GPD 蚕豆（2019）530016。

特征特性：生育期 175～180 天。株型紧凑，株高 88.4～103.6 厘米，主茎分枝 2.5～2.8 个，苗期分枝半直立，茎秆紫红色，复叶长椭圆形、淡绿色、花紫白色、簇花 4～5 朵。荚皮嫩薄，荚长 8.0～11.0 厘米，单株荚数 8.5～12.2 个，单株籽粒 16.4～24.3 粒。籽粒饱满，籽粒中厚形，种皮白色，种脐白色，商品性较好，种皮破裂率为零。百粒重 125.4～144.9 克，干籽粒蛋白质含量 29.00%，单宁含量 0.23%，淀粉含量 29.45%，总糖含量 6.08%。抗倒伏，经鉴定为中抗锈病、赤斑病、褐斑病，适宜在中上等肥力田块种植。

产量表现：亩产一般为 267.39～454.15 千克，最高亩产 486.29 千克。2009 年参加优质大粒型蚕豆新品系比较试验，平均亩产 279.83 千克，居第二位，比对照品种（凤豆 1 号）增产 18.4%。2010 年参加蚕豆新品种比较试验，平均亩产 368.19 千克，居第一位，比对照品种（凤豆 1 号）增产 35.4%。2011—2012 年参加云南蚕豆新品种联合区域试验，9 个品种 8 个试验点两年平均亩产 236.11 千克，居第四位，比对照品种（凤豆 1 号）增产 10.0%，比各地对照品种增产 2.5%。2013—2014 年参加云南省 8 个市（州）12 个县（市、区）蚕豆新品种丰产稳产性区域试验，两年平均亩产 272.0 千克，居第一位，比对照品种（云豆 690）增产 31.4%。2015 年参加云南蚕豆新品种生产试验，在大理、保山、昆明、曲靖、楚雄 5 个试验点平均亩产 237.73 千克，居第一位，比对照品种（云豆 690）增产 18.6%。

利用价值：品质优良，粮饲兼用，也可鲜食。

栽培要点：适期播种，最佳播种期为 9 月 10 日至 10 月 20 日，播种株行距 13.5 厘米×26 厘米或 16 厘米×20 厘米，基本苗 1.8 万～2.0 万株/亩。播种后覆盖适量优质农家肥或稻草，豆苗 2.5～5.0 片叶期施普通过磷酸钙 30 千克/亩、硫酸钾 15 千克/亩，不施或慎施氮素化肥。及时灌好现蕾期初花水、盛花水、灌浆鼓粒水，整个生育期灌水 3～4 次。根据该品种生长发育的特点，在豆苗生长前期应适当控制肥水，使其蹲苗，促使幼苗生长健壮；现蕾初花期进行田间整枝、间苗，有利于通风透光；终花散尖期摘除顶部嫩梢，促早熟、增粒重。注意防治蚜虫、潜叶蝇，防除田间杂草及鼠害等。荚壳多数变黄、少数变黑时一次性收获。

适宜地区：适宜在云南、贵州、四川和重庆海拔 1 600～2 300 米的豆作区种植。

36. 凤豆 20 号

品种来源：云南省大理白族自治州农业科学推广研究院于 2001 年以凤豆 8 号为母本、2000-07 为父本杂交选育而成，原品系代号为 01137-1。2016 年通过云南省农作物品种审定委员会审定，审定编号为滇审蚕豆 2016003 号。2019 年通过农业农村部非主要农作物品种登记，登记编号为 GPD 蚕豆（2019）530020。

特征特性：生育期 169～172 天。株型紧凑，株高 85.1～106.4 厘米，主茎分枝 2.4～2.7 个，苗期分枝半直立，茎秆紫红色，复叶椭圆形、深绿色，花紫黑色，簇花 4～5 朵。荚皮嫩薄，荚长 7.0～10.0 厘米，单株荚数 8.5～12.6 个，单株籽粒 15.40～21.63 粒。籽粒饱满，种皮白色，种脐白色，商品性较好，种皮破裂率为零。百粒重 133.4～141.4 克，干籽粒蛋白质含量 27.50%，单宁含量 0.26%，淀粉含量 30.65%，总糖含量 6.41%。抗倒伏、耐寒性、耐渍性好，经鉴定为中抗锈病、赤斑病和褐斑病，适宜在中上等肥力田块种植。

产量表现：一般亩产为 269.61～370.52 千克，最高亩产为 476.31 千克。2009 年同时参加大理白族自治州蚕豆品种比较试验和云南省优质蚕豆新品种联合异地鉴定试验，联合异地鉴定试验平均亩产 267.9 千克，居第五位，比对照品种（凤豆 1 号）增产 16.5%，比各地对照品种增产 9.9%；品种比较试验平均亩产 370.52 千克，居第三位，比对照品种（凤豆 1 号）增产 11.7%。2013—2014 年参加云南省 8 个市（州）12 个县（市、区）蚕豆新品种丰产稳产性区域试验，两年试验平均亩产 247.4 千克，居第三位，比对照品种（云豆 690）增产 19.5%。2015 年参加云南蚕豆新品种生产试验，在大理、保山、昆明、曲靖、楚雄 5 个试验点平均亩产 210.97 千克，居第三位，较对照品种增产 5.2%。

利用价值：品质优良，粮饲兼用，也可鲜食。

栽培要点：适期播种，最佳播种期为 9 月 10 日至 10 月 25 日，播种株行距为 13.5 厘米×26 厘米或 16 厘米×20 厘米，基本苗 1.8 万～2.0 万株/亩。播种后覆盖适量优质农家肥或稻草，豆苗 2.5～5.0 片叶期施普通过磷酸钙 30 千克/亩、硫酸钾 15 千克/亩，不施或慎施氮素化肥。及时灌好现蕾期初花水、盛花水、灌浆鼓粒水，整个生育期灌水 3～4 次。根据该品种生长发育的特点，在豆苗生长前期应适当控制肥水，使其蹲苗，促使幼苗生长健壮；现蕾初花期进行田间整枝、间苗，有利于通风透光；终花散尖期摘除顶部嫩梢，促早熟、增粒重。注意防治蚜虫、潜叶蝇，防除田间杂草及鼠害等。荚壳多数变黄、少数变黑时一次性收获。

适宜地区：适宜在云南、贵州、四川和重庆海拔 1 600～2 300 米的豆作区种植。

37. 凤豆 21 号

品种来源：云南省大理白族自治州农业科学推广研究院于 2004 年以 9102-1-1-1 为母本、85173-30-6-2 为父本杂交选育而成，原品系代号为 04161-1。2016 年通过云南省农作物品种审定委员会审定，审定编号为滇审蚕豆 2016004 号。2019 年通过农业农村部非主要农作物品种登记，登记编号为 GPD 蚕豆（2019）

530019。

特征特性：生育期 161～213 天。生长特点为前期快、后期慢，花期长，株型紧凑。株高 70.0～129.6 厘米，主茎分枝 2.8～7.8 个，有效分枝 2.4～4.5 个，苗期分枝半直立，茎秆浅紫红，复叶椭圆形、深绿色，花浅紫黑色，簇花 3～5 朵，成熟时不落叶。荚皮嫩薄，荚长 6.3～11.5 厘米，单株荚数 5.6～13.5 个，单株籽粒 9.7～25.4 粒。籽粒饱满，种皮白色，种脐白色，粒型、粒色、商品性较好，种皮破裂率为零，百粒重 122.6～141.5 克，干籽粒蛋白质含量 26.40%，单宁含量 0.49%，淀粉含量 48.30%，总糖含量 4.60%。耐寒性、耐渍性、抗逆性较好。经鉴定，抗锈病、赤斑病和褐斑病，适宜在中上等肥力田块种植。

产量表现：亩产一般为 215.44～432.77 千克。2011 年参加优质蚕豆新品种比较试验，平均亩产 463.74 千克，居第一位，比对照品种（凤豆 1 号）增产 35.8%。2015—2016 年参加云南省 8 个市（州）12 个县（市、区）蚕豆新品种丰产稳产性区域试验，2015 年 7 个试验点平均亩产 290.1 千克，比对照品种（凤豆 13 号）增产 8.0%，比对照品种（云豆 690）增产 19.1%；2016 年 7 个试验点平均亩产 306.17 千克，比对照品种（凤豆 13 号）增产 13.7%；两年平均亩产 298.14 千克，居第一位，比对照品种（凤豆 13 号）增产 10.8%。

利用价值：品质优良，粮饲兼用，也可鲜食。

栽培要点：适期播种，最佳播种期为 10 月 10—20 日，播种株行距为 13.5 厘米×26 厘米或 16 厘米×20 厘米，基本苗 1.5 万～2.0 万株/亩。播种后覆盖适量优质农家肥或稻草，豆苗 2.5～5.0 片叶期施普通过磷酸钙 30 千克/亩、硫酸钾 15 千克/亩，不施或慎施氮素化肥。及时灌好现蕾期初花水、盛花水、灌浆鼓粒水，整个生育期灌水 3～4 次。根据该品种生长发育的特点，在豆苗生长前期应适当控制肥水，使其蹲苗，促使幼苗生长健壮；现蕾初花期进行田间整枝、间苗，有利于通风透光；终花散尖期摘除顶部嫩梢，促早熟、增粒重。注意防治蚜虫、潜叶蝇，防除田间杂草及鼠害等。荚壳多数变黄、少数变黑时一次性收获。

适宜地区：适宜在云南、贵州、四川和重庆海拔 1 600～2 200 米的豆作区种植。

38. 凤豆 22 号

品种来源：云南省大理白族自治州农业科学推广研究院于 2004 年以 SB010 为母本、凤豆 6 号为父本杂交选育而成，原品系代号为 04189-1。2016 年通过云南省农作物品种审定委员会审定，审定编号为滇审蚕豆 2016005 号。2019 年通过农业农村部非主要农作物品种登记，登记编号为 GPD 蚕豆（2019）530018。

特征特性：生育期 160～210 天，株高 60.0～121.0 厘米。株型紧凑，主茎分枝 2.0～4.4 个，苗期分枝匍匐，茎秆紫红色，复叶椭圆形、深绿色，花紫黑色。荚果平滑，荚皮嫩薄，着荚角度小，结荚性好，荚长 6.8～9.84 厘米，单株荚数 6.0～15.8 个，单株粒粒 9.9～23.4 粒。籽粒中厚形，种皮、种脐白色，籽粒饱满、不破裂。百粒重 129.1～130.9 克，干籽粒蛋白质含量 28.20%，单宁含量 0.47%，淀粉含量 46.18%，总糖含量 4.66%。抗倒伏，抗逆性强，经鉴定为中感锈病，抗赤斑病和褐斑病，适宜在中上等肥力田块种植。

产量表现：亩产一般为 140.3～397.9 千克。2010 年参加优质大粒型蚕豆新品系比较试验，平均亩产 336.21 千克，居第二位，比对照品种（凤豆 1 号）增产 14.1%。2011—2012 年参加云南蚕豆新品种联合区域试验，9 个品种 8 个试验点两年平均亩产 272.07 千克，居第三位，比对照品种（凤豆 1 号）增产 12.4%，比各地对照品种增产 4.8%。2015—2016 年参加云南省 8 个市（州）12 个县（市、区）蚕豆新品种丰产稳产性区域试验，2015 年 7 个试验点平均亩产 276.0 千克，比对照品种（凤豆 13 号）增产 2.7%，比对照品种（云豆 690）增产 17.0%；两年平均亩产 283.97 千克，居第二位。

利用价值：品质优良，粮饲兼用，也可鲜食。

栽培要点：适期播种，最佳播种期为 10 月 10—20 日，播种株行距为 13.5 厘米×26 厘米或 16 厘米×20 厘米，基本苗 1.2 万～2.0 万株/亩。播种后覆盖适量优质农家肥或稻草，豆苗 2.5～5.0 片叶期施普通过磷酸钙 30 千克/亩、硫酸钾 15 千克/亩，不施或慎施氮素化肥。及时灌好现蕾期初花水、盛花水、灌浆鼓粒水，整个生育期灌水 3～4 次。根据该品种生长发育的特点，在豆苗生长前期应适当控制肥水，使其蹲苗，促使幼苗生长健壮；现蕾初花期进行田间整枝、间苗，有利于通风透光；终花散尖期摘除顶部嫩梢，促早熟、增粒重。注意防治蚜虫、潜叶蝇，防除田间杂草及鼠害等。荚壳多数变黄、少数变黑时一次性收获。

适宜地区：适宜在云南、贵州、四川和重庆海拔 1 600～2 300 米的豆作区种植。

39. 凤豆 12 号

品种来源：云南省大理白族自治州农业科学推广研究院于 1990 年以凤豆 1 号为母本、83102 为父本杂交选育而成，原品系代号为 99-01。2007 年通过云南省农作物品种审定委员会审定，审定编号为滇审蚕豆 200701 号。2020 年通过农业农村部非主要农作物品种登记，登记编号为 GPD 蚕豆（2020）530014。

特征特性：生育期 172～176 天。株型紧凑，茎秆壮实，株高 89.5～106.2 厘米，主茎分枝 2.4～2.8 个，苗期分枝半直立，茎秆浅紫色，复叶长圆形、淡绿色，花紫白色，簇花 4～5 朵。荚皮嫩薄，荚长 7.0～10.0 厘米，单株荚数 8.5～13.8 个，单株籽粒 17.0～22.1 粒。籽粒中厚形，籽粒饱满，种皮白色，种脐白色，商品性较好，种皮破裂率为零。百粒重 104.3～116.3 克，干籽粒蛋白质含量 27.50%，单宁含量 0.35%，淀粉含量 43.71%，脂肪含量 2.25%。耐渍性、抗倒伏性较好，轻感锈病，适宜在中上等肥力田块种植。

产量表现：亩产一般为 261.35～356.43 千克，最高亩产 435.61 千克。2000 年参加云南省联合异地鉴定试验，平均亩产 360.6 千克，居第一位，比对照品种（凤豆 1 号）增产 24.7%，比本地对照品种增产 40.1%。2000—2002 年参加云南省 5 个市（州）7 个县（市、区）优质蚕豆新品种联合区域试验，平均亩产 262.58 千克，居第二位，比对照品种（凤豆 1 号）增产 7.6%，比各地对照品种增产 14.6%。2004—2006 年参加云南省蚕豆新育成品种区域试验，平均亩产 225.15 千克，居第一位，比对照品种（凤豆 1 号）增产 2.2%，比各地推广品种增产 3.0%。

利用价值：品质优良，粮饲兼用型，也可鲜食。

栽培要点：适期播种，最佳播种期为 10 月 10—20 日，播种株行距为 13.5 厘米×26 厘米或 16 厘米×20 厘米，基本苗 1.8 万～2.0 万株/亩。播种后盖适量优质农家肥或稻草，豆苗 2.5～5.0 片叶期施普通过磷酸钙 30 千克/亩、硫酸钾 15 千克/亩，不施或慎施氮素化肥。及时灌好现蕾期初花水、盛花水、灌浆鼓粒水，整个生育期灌水 3～4 次。根据该品种生长发育的特点，在豆苗生长前期应适当控制肥水，使其蹲苗，促使幼苗生长健壮；现蕾初花期进行田间整枝、间苗，有利于通风透光；终花散尖期摘除顶部嫩梢，促早熟、增粒重。注意防治蚜虫、潜叶蝇，防除田间杂草及鼠害等。荚壳多数变黄、少数变黑时一次性收获。

适宜地区：适宜在云南、贵州、四川和重庆海拔 1 600～2 300 米的豆作区种植。

40. 凤豆 14 号

品种来源：云南省大理白族自治州农业科学推广研究院

于 1997 年以 8817-6 为母本、洱源牛街豆为父本杂交选育而成，原品系代号为 9739-2。2009 年通过云南省农作物品种审定委员会审定，审定编号为滇审蚕豆 2009001 号。2019 年通过农业农村部非主要农作物品种登记，登记编号为 GPD 蚕豆 (2020) 530016。

特征特性：生育期 175～180 天。生长特点为前期快、后期慢，花期长。株型紧凑，茎秆粗壮，株高 105.7～118.7 厘米，主茎分枝 2.3～2.7 个，苗期分枝半直立，茎秆绿色，复叶长卵圆形、淡绿色，花紫白色，簇花 5～6 朵。成熟时不落叶，荚皮嫩薄，荚长 8.0～10.0 厘米，单株荚数 11.5～14.2 个，单株籽粒 18.9～24.1 粒。籽粒中厚形，籽粒饱满，种皮白色，种脐白色，商品性较好，种皮破裂率为零。百粒重 102.6～117.2 克，干籽粒蛋白质含量 29.50%，单宁含量 0.54%，淀粉含量 42.20%，脂肪含量 1.04%。耐寒性、耐渍性、抗倒伏性较好，耐旱性较弱，轻感锈病，但抗锈病性较好，适宜在中上等肥力田块种植。

产量表现：亩产一般为 253.96～357.45 千克，最高亩产 410.5 千克。2004 年参加优质大粒型蚕豆新品种比较试验，平均亩产 295.0 千克，居第三位，比对照品种（凤豆 1 号）增产 10.3%。2005 年参加蚕豆新品种比较试验，平均亩产 236.95 千克，居第二位，比对照品种（凤豆 1 号）增产 19.6%。2007—2008 年参加云南省 8 个市（州）12 个县（市、区）蚕豆新品种丰产稳产性区域试验，两年试验平均亩产 280.2 千克，居第四位，比各地推广品种增产 0.1%。

利用价值：品质优良，粮饲兼用型，也可鲜食。

栽培要点：适期播种，最佳播种期为 10 月 10—20 日，播种株行距为 13.5 厘米×26 厘米或 16 厘米×20 厘米，基本苗 1.8 万～2.0 万株/亩。播种后覆盖适量优质农家肥或稻草，豆苗 2.5～5.0 片叶期施普通过磷酸钙 30 千克/亩、硫酸钾 15 千克/亩，不施或慎施氮素化肥。及时灌好现蕾期初花水、盛花水、灌浆鼓粒水，整个生育期灌水 3～4 次。根据该品种生长发育的特点，在豆苗生长前期应适当控制肥水，使其蹲苗，促使幼苗生长健壮；现蕾初花期进行田间整枝、间苗，有利于通风透光；终花散尖期摘除顶部嫩梢，促早熟、增粒重。注意防治蚜虫、潜叶蝇，防除田间杂草及鼠害等。荚壳多数变黄、少数变黑时一次性收获。

适宜地区：适宜在云南、贵州、四川和重庆海拔 1 600～2 300 米的豆作区种植。

41. 凤豆 16 号

品种来源：云南省大理白族自治州农业科学推广研究院于 1997 年以 8911-3 为母本、法国豆为父本杂交选育而成，原品系代号为 9745-1。2012 年通过云南省农作物品种审定委员会审定，审定编号为滇审蚕豆 2012002 号。2018 年通过农业农村部非主要农作物品种登记，登记编号为 GPD 蚕豆（2018）530028。

特征特性：生育期 170～178 天。生长特点为前期快、后期慢，花期长。株型紧凑，株高 98.3～103.7 厘米，主茎分枝 2.3～2.6 个，苗期分枝半直立，茎秆紫红色，复叶长卵圆形、深绿色，花紫红色，簇花 4～5 朵，成熟时不落叶。荚皮嫩薄，荚长 6.3～8.5 厘米，单株荚数 6.1～12.5 个，单株籽粒 15.8～20.2 粒。籽粒中厚形，籽粒饱满，种皮白色，种脐白色，商品性较好，种皮破裂率为零。百粒重 109.5～117.5 克，干籽粒蛋白质含量 26.70%，单宁含量 0.38%，淀粉含量 47.09%。耐寒性、耐渍性、抗倒伏性较好，经鉴定为抗锈病、抗赤斑病、中抗褐斑病，适宜在中上等肥力田块种植。

产量表现：产量一般为 268.37～391.35 千克，最高亩产 453.35 千克。2006 年参加蚕豆新品种比较试验，平均亩产 391.35 千克，居第一位，比对照品种（凤豆 1 号）增产 16.0%。2007—2008 年参加云南省蚕豆新品种联合区域试验，9 个品种 8

个试验点两年平均亩产 283.67 千克，居第二位，比各地对照品种增产 5.1％。2009—2010 年参加云南省 8 个市（州）12 个县（市、区）蚕豆新品种丰产稳产性区域试验，两年平均亩产 310.3 千克，居第一位，比对照品种（凤豆 1 号）增产 14.8％。2011 年参加云南省蚕豆新品种生产试验，大理、保山、昆明、曲靖、楚雄 5 个试验点平均亩产 285.75 千克，居第三位，较对照品种增产 5.8％。

利用价值：品质优良，粮饲兼用型，也可鲜食。

栽培要点：适期播种，最佳播种期为 10 月 5—25 日，播种株行距为 14 厘米×26 厘米或 17 厘米×20 厘米，基本苗 1.8 万～2.0 万株/亩。播种后盖适量优质农家肥或稻草，豆苗 2.5～5.0 片叶期施普通过磷酸钙 30 千克/亩、硫酸钾 15 千克/亩，不施或慎施氮素化肥。及时灌好现蕾期初花水、盛花水、灌浆鼓粒水，整个生育期灌水 3～4 次。根据该品种生长发育的特点，在豆苗生长前期应适当控制肥水，使其蹲苗，促使幼苗生长健壮；现蕾初花期进行田间整枝、间苗，有利于通风透光；终花散尖期摘除顶部嫩梢，促早熟、增粒重。注意防治蚜虫、潜叶蝇，防除田间杂草及鼠害等。荚壳多数变黄、少数变黑时一次性收获。

适宜地区：适宜在云南、贵州、四川和重庆海拔 1 600～2 400 米的豆作区种植。

42. 凤豆 17 号

品种来源：云南省大理白族自治州农业科学推广研究院于 2001 年以凤豆 3 号为母本、85173-11-935 为父本杂交选育而成，原品系代号为 01010-1。2014 年通过云南省农作物品种审定委员会审定，审定编号为滇审蚕豆 2014001 号。2018 年通过农业农村部非主要农作物品种登记，登记编号为 GPD 蚕豆（2018）530029。

特征特性：生育期 167～170 天。株型紧凑，茎秆粗壮，株高 77.6～109.5 厘米，主茎分枝 2.3～2.5 个，苗期分枝半直立，茎秆紫红色，复叶椭圆形、淡绿色，花紫色，簇花 3～4 朵，成熟时不落叶。荚皮嫩薄，荚长 9.0～11.0 厘米，单株荚数 8.0 个，单株籽粒 14.5～17.3 粒。籽粒中厚形，籽粒饱满，种皮红色，种脐白色，商品性较好，种皮破裂率为零。百粒重 124.2～149.7 克，干籽粒蛋白质含量 26.90%，单宁含量 0.18%，淀粉含量 36.69%。耐寒性、耐渍性、抗倒伏性较好，经鉴定为抗锈病、中抗赤斑病、中抗褐斑病，适宜在中上等肥力田块种植。

产量表现：亩产一般为 264.2～382.5 千克，最高亩产 382.5 千克。2008 年参加蚕豆新品种比较试验，平均亩产 382.5 千克，居第二位，比对照品种（凤豆 1 号）增产 23.8%。2009—2010 年参加云南省 5 个市（州）7 个县（市、区）蚕豆新品种联合区域试验，平均亩产 248.24 千克，居第一位，比对照品种（凤豆 1 号）增产 15.6%，比当地主推品种增产 6%。2011—2012 年参加云南省 8 个市（州）12 个县（市、区）蚕豆新品种丰产稳产性区域试验，两年平均亩产 286.3 千克，比对照品种（凤豆 1 号）增产 8.4%。2013 年参加云南省蚕豆新品种生产试验，平均亩产 268.08 千克。

利用价值：品质优良，鲜豆荚食味较好，凤豆 17 号是一个优质的菜用型蚕豆新品种，也可作饲料。

栽培要点：适期播种，最佳播种期为 10 月 5—25 日，播种株行距为 13.5 厘米×26 厘米或 16 厘米×20 厘米，基本苗 1.8 万～2.0 万株/亩。播种后盖适量优质农家肥或稻草，豆苗 2.5～5.0 片叶期施普通过磷酸钙 30 千克/亩、硫酸钾 15 千克/亩，不施或慎施氮素化肥。及时灌好现蕾期初花水、盛花水、灌浆鼓粒水，整个生育期灌水 3～4 次。根据该品种生长发育的特点，在豆苗生长前期应适当控制肥水，使其蹲苗，促使幼苗生长健壮；现蕾初花期进行田间整枝、间苗，有利于通风透光；终花散尖期摘除顶部嫩梢，促早熟、增粒重。注意防治蚜虫、潜叶蝇，防除田间杂草及鼠害等。荚壳多数变黄、少数变黑时一次性收获。

适宜地区：适宜在云南、贵州、四川和重庆海拔 1 600～2 400 米的豆作区种植。

43. 凤豆 18 号

品种来源：云南省大理白族自治州农业科学推广研究院于 2003 年以 85173-30-971 为母本、保山 464 为父本杂交选育而成，原品系代号为 03135-1。2015 年通过云南省农作物品种审定委员会审定，审定编号为滇审蚕豆 2015001 号。2018 年通过农业农村部非主要农作物品种登记，登记编号为 GPD 蚕豆（2018）530030。

特征特性：生育期 172～179 天。生长特点为前期快、后期慢，花期长。株型紧凑，茎秆粗壮，株高 83.2～110.5 厘米，主茎分枝 2.5～3.0 个，苗期分枝半直立，茎秆紫红色，复叶长椭圆形、淡绿色，花紫红色，簇花 4～5 朵，成熟时不落叶。荚皮嫩薄，荚长 8.0～12.0 厘米，单株荚数 7.2～8.8 个，单株籽粒 11.0～18.6 粒。籽粒饱满，种皮白色，种脐白色，商品性较好，种皮破裂率为零。百粒重 138.8～151.8 克，干籽粒蛋白质含量 28.10%，单宁含量 0.15%，淀粉含量 40.34%。耐寒性、耐渍性、抗逆性较好，经鉴定为抗锈病、中抗赤斑病、中抗褐斑病，适宜在中上等肥力田块种植。

产量表现：亩产一般为 215.44～432.77 千克，最高亩产 432.77 千克。2008 年参加优质大粒型蚕豆新品系比较试验，平均亩产 432.77 千克，居第一位，比对照品种（凤豆 1 号）增产 8.2%。2009—2010 年参加云南省蚕豆新品种联合区域试验，两年平均亩产 241.86 千克，居第二位，比对照品种（凤豆 1 号）增产 12.6%，比各地主推品种增产 3.2%。2011—2012 年参加云南省 8 个市（州）12 个县（市、区）蚕豆新品种丰产稳产性区域试验，两年平均亩产 292.0 千克，居第一位，比对照品种

（凤豆 1 号）增产 10.6%。2013 年参加云南省蚕豆新品种生产试验，大理、保山、昆明、曲靖、楚雄 5 个试验点平均亩产271.83 千克，居第一位，较对照品种增产 20.2%。

利用价值：品质优良，鲜食口感好，凤豆 18 号是蔬菜专用型蚕豆，也可作饲料。

栽培要点：适期播种，最佳播种期为 9 月 10 日至 10 月 25日，播种株行距 13.5 厘米×26 厘米或 16 厘米×20 厘米，基本苗 1.8 万～2.0 万株/亩。播种后盖适量优质农家肥或稻草，豆苗 2.5～5.0 片叶期施普通过磷酸钙 30 千克/亩、硫酸钾 15 千克/亩，不施或慎施氮素化肥。及时灌好现蕾期初花水、盛花水、灌浆鼓粒水，整个生育期灌水 3～4 次。根据该品种生长发育的特点，在豆苗生长前期应适当控制肥水，使其蹲苗，促使幼苗生长健壮；现蕾初花期进行田间整枝、间苗，有利于通风透光；终花散尖期摘除顶部嫩梢，促早熟、增粒重。注意防治蚜虫、潜叶蝇，防除田间杂草及鼠害等。荚壳多数变黄、少数变黑时一次性收获。

适宜地区：适宜在云南、贵州、四川和重庆海拔 1 600～2 400 米的豆作区种植。

44. 临蚕 6 号

品种来源：甘肃省临夏回族自治州农业科学院于 1992 年以英 175 为母本、荷兰 168 为父本杂交选育而成，原品系代号为9232-2-2-5。2008 年 4 月通过甘肃省农作物品种审定委员会认定，认定编号为甘认豆 2008001。

特征特性：生育期 125 天，株高 150.0 厘米，有效分枝 1～2 个，茎粗 1.0 厘米。幼茎绿色，复叶椭圆形、浅绿色，花浅紫色。始荚高度 30.0 厘米，结荚集中在中下部，荚长且较厚。单株荚数 10～13 个，单荚籽粒 2～3 粒，荚长 10.5 厘米、宽 2.1厘米，单株籽粒 25.0 粒，粒长 2.1 厘米、宽 1.6 厘米，百粒重180.0～200.0 克。籽粒饱满、整齐，种皮乳白色，种脐黑色。

经甘肃省农业科学院农业测试中心检验，干籽粒蛋白质含量30.14%，赖氨酸含量1.77%，淀粉含量47.75%，脂肪含量2.00%，灰分含量2.94%。

产量表现：2002—2003年参加甘肃区域试验，两年平均折合亩产324.4千克，比对照品种（临蚕2号）增产14.0%，比临蚕5号增产7.7%，居第一位。2003年临夏市、渭源县、和政县、康乐县生产对比试验，折合亩产266.87～370.73千克，平均折合亩产306.6千克，比临蚕2号增产10.7%。

利用价值：适合淀粉及豆瓣加工。

栽培要点：宽窄行种植，保苗1.1万株/亩，适期早播，施足底肥，施过磷酸钙50千克/亩、硝酸铵5千克/亩、磷酸氢二铵25千克/亩作种肥。在水肥条件好的川塬灌区，应在10台花序出现时摘顶。

适宜地区：适宜在甘肃临夏、定西春蚕豆产区春季种植。

45. 临蚕7号

品种来源：甘肃省临夏回族自治州农业科学院于1992年以丰产优质品种加拿大673为母本、抗病大粒品种黎巴嫩876为父本杂交选育而成，原品系代号为9205-1-4。2009年1月通过甘肃省农作物品种审定委员会认定，认定编号为甘认豆2009001。

特征特性：大粒型品种，春性强，生育期120天。株高140.0厘米，主茎分枝1～3个，茎粗1.0厘米，幼茎绿色，复叶椭圆形、浅绿色，花浅紫色。始荚高度25.0厘米，结荚集中在中下部，单株荚数10～18个，单荚籽粒2～3粒，单株籽粒20～40粒，荚长11.0厘米、宽2.1厘米，粒长2.3厘米、宽1.7厘米，百粒重186.9克。籽粒饱满整齐，种皮乳白色，种脐黑色。干籽粒蛋白质含量29.04%，赖氨酸含量1.81%，淀粉含量42.70%，单宁含量0.59%。抗根腐病，喜肥水。

产量表现：2006年3月至2007年9月参加甘肃区域试验，6个参试品种在12点次上最高亩产507.4千克，平均亩产338.5

千克，较对照品种（临蚕 5 号）增产 11.0%，增幅 6.8%～13.7%，川塬灌区增幅 11.0%～13.9%。2007 年 3 月至 2008 年 9 月参加生产试验，2007 年在 5 个区域试验点平均亩产 399.8 千克，较对照品种（临蚕 5 号，266.8 千克/亩）增产 12.4%，增幅 9.1%～14.3%；2008 年在 5 个区域试验点均增产，增幅 9.4%～13.2%，5 个试验点平均亩产 326.1 千克，较对照品种（临蚕 5 号，292.3 千克/亩）增产 11.6%。

利用价值： 既是饲料和淀粉加工的重要原料，也是豆乳制造、酱类酿造的重要原料。

栽培要点： 一般在 3 月上旬播种为宜，川塬灌区保苗 1.1 万株/亩，播种量 18～20 千克/亩，山阴地区保苗 1.2 万～1.3 万株/亩，播种量以 22 千克/亩左右为宜。保氮增磷补钾，施肥以基肥为主。灌水不宜过早，一般在开花结荚期灌水，全生育期一般灌水 1～2 次。降水较多的年份，在 10 台花序时打顶摘心，防止倒伏，增加产量。在蚕豆开花期，喷洒农药 2～3 次，防治豆象危害。80%中上部荚变黑时要及时收获，避免种皮变色而使商品性降低。

适宜地区： 根据区域试验及生产试验结果，该品种丰产稳产性能好、适应性广，在甘肃省蚕豆产区均可推广种植，以临夏回族自治州的康乐县、和政县、积石山县、临夏市等同类型的高水肥川塬灌区为最适宜地区。

46. 临蚕 8 号

品种来源： 甘肃省临夏回族自治州农业科学院于 1992 年以英 175 为母本、荷兰 168 为父本杂交选育而成，原品系代号为 9232-1。2009 年 1 月通过甘肃省农作物品种审定委员会认定，认定编号为甘认豆 2009002。

特征特性： 株型紧凑，植株生长整齐，春性强，生育期 118 天。株高 125.0 厘米，有效分枝 1～2 个，茎粗 1.0 厘米，幼茎绿色，复叶椭圆形、浅绿色，花淡紫色。始荚高度 26.0 厘米，结荚集中在中下部，单株荚数 9～15 个，单荚籽粒 2～3 粒，单株籽粒 18～32 粒，荚长 10.0 厘米、宽 2.1 厘米，粒长 2.3 厘米、宽 1.7 厘米，百粒重 181.0 克。籽粒饱满整齐，种皮乳白色、色泽鲜艳，商品性优良，属中大粒型品种。干籽粒蛋白质含量 31.28%，赖氨酸含量 1.89%，淀粉含量 43.73%，脂肪含量 1.32%，单宁含量 0.64%，水分含量 11.21%。

产量表现：2006 年 3 月至 2007 年 9 月参加甘肃区域试验，6 个参试品种在 12 点次上最高亩产 470.4 千克，平均亩产 333.9 千克，较对照品种（临蚕 5 号）增产 9.5%，增幅 4.7%～18.8%。2007 年 3 月至 2008 年 9 月参加生产试验，2007 年亩产 261.0～342.0 千克，增幅 7.7%～15.4%，5 个试验点平均亩产 298.0 千克，较对照品种（临蚕 5 号，266.8 千克/亩）增产 11.7%；2008 年在 5 个试验点上均增产，增幅 6.9%～14.4%，5 点平均亩产 323.68 千克，较对照品种（临蚕 5 号，292.3 千克/亩）增产 10.7%。

利用价值：既是粮食、饲料的优质原料，也是鲜食加工的重要原料。

栽培要点：在 3 月上中旬播种为宜，一般播种量 20.0 千克/亩，保苗 1.1 万株/亩左右。在多雨年份或种植密度较大的情况下，应在 10 台花序左右时进行摘顶，防止倒伏，提早成熟。在蚕豆开花期，喷洒农药 2～3 次，防治豆象危害。80% 的中上部荚变黑时要及时收获，趁晴脱粒，防止淋雨，避免种皮变色而使商品性降低。

适宜地区：经甘肃区域试验及生产试验结果分析，临蚕 8 号丰产性好、适应性强，在甘肃蚕豆主产区均可推广种植，但以定西市渭源、岷县和天水市张家川等同类无灌溉条件的地区为最适宜种植区。

47. 临蚕 9 号

品种来源：甘肃省临夏回族自治州农业科学院于 1993 年以

临夏大蚕豆/慈溪大白蚕为母本、土耳其 22-3 为父本杂交选育而成，原品系代号为 9317-1-7。2011 年通过甘肃省农作物品种审定委员会认定，认定编号为甘认豆 2011001。

特征特性：大粒型品种，株型紧凑，植株生长整齐，春性强，生育期 125 天。株高 125.0 厘米，有效分枝 1～3 个，茎粗 1.0 厘米，幼茎绿色，复叶椭圆形、浅绿色，花浅紫色。始荚高度 25.0 厘米，结荚集中在中下部，单株荚数 10～18 个，单荚籽粒 2～3 粒，单株籽粒 20～40 粒，荚长 11.0 厘米、宽 2.1 厘米，粒长 2.2 厘米、宽 1.7 厘米，百粒重 178.3 克。籽粒饱满整齐，种皮乳白色，种脐黑色。干籽粒蛋白质含量 30.61%，赖氨酸含量 1.15%，淀粉含量 54.66%，脂肪含量 1.17%，单宁含量 0.58%。抗逆性强，抗根腐病。

产量表现：2008 年 3 月至 2009 年 9 月甘肃区域试验中 6 个品种 14 点次，平均亩产 348.11 千克，较对照品种（临蚕 5 号）增产 11.7%。2009 年生产试验 5 个试验点平均亩产 401.7 千克，较对照品种（临蚕 5 号）增产 11.5%。2010 年生产试验中 5 个试验点平均亩产 306.3 千克，较对照品种（临蚕 5 号）增产 12.0%。

利用价值：蚕豆粉丝、干炒、油炸的加工原料。

栽培要点：3 月上旬，当土壤解冻 10 厘米左右时顶凌播种，川塬灌区保苗 1.1 万株/亩，山阴地区保苗 1.2 万～1.3 万株/亩，采用宽窄行种植。施过磷酸钙 50 千克/亩、磷酸氢二铵 20 千克/亩、硝酸铵 5 千克/亩作种肥。在开花结荚期灌水，全生育期一般灌水 1～2 次，10 台花序时打顶摘心。花期喷洒农药 2～3 次，防治豆象危害。80% 中上部荚变黑时要及时收获，趁晴脱粒，防止淋雨，避免种皮变色而使商品性降低。

适宜地区：甘肃高寒阴湿区及国内其他春蚕豆产区。

48. 临蚕 10 号

品种来源：甘肃省临夏回族自治州农业科学院于 1993 年以

临夏大蚕豆为母本、曲农白皮蚕/加拿大 321-2 为父本杂交选育而成的优质、高产稳产、抗旱耐瘠的春蚕豆新品种，原品系代号为 9230-1-5。2013 年 1 月通过甘肃省农作物品种审定委员会认定，认定编号为甘认豆 2013002。

特征特性：大粒型品种，株型紧凑，植株生长整齐，春性强，生育期 120 天。株高 125.0 厘米，有效分枝 1～3 个，茎粗 1.0 厘米，幼茎绿色，复叶椭圆形、浅绿色，花浅紫色。始荚高度 25.0 厘米，结荚集中在中下部，单株荚数 10～18 个，单荚籽粒 2～3 粒，单株籽粒 20～40 粒，荚长 11.5 厘米、宽 2.2 厘米，粒长 2.3 厘米、宽 1.7 厘米，百粒重 182.6 克（两年甘肃区域试验平均值）。籽粒饱满整齐，种皮乳白色，种脐白色。甘肃省农业科学院农业测试中心检验，干籽粒水分含量 10.93%，蛋白质含量 31.76%，赖氨酸含量 1.01%，淀粉含量 54.66%，脂肪含量 0.86%，单宁含量 0.60%。抗根腐病，耐旱，耐瘠。

产量表现：2010 年 3 月至 2011 年 9 月参加甘肃区域试验，7 个参试品种在 12 点次上最高亩产 499.3 千克，平均亩产 370.4 千克，较对照品种（临蚕 5 号）增产 11.5%，居首位。2011—2012 年生产试验平均亩产 398.8 千克，较对照品种（临蚕 5 号，354.5 千克/亩）增产 12.5%，较大田生产品种（临蚕 2 号，321.2 千克/亩）增产 24.2%。

利用价值：既是粮食、饲料的优质原料，也是蔬菜、酱类制造的重要原料。

栽培要点：一般在 3 月上旬播种为宜，川塬灌区保苗 1.2 万株/亩，播种量 20 千克/亩，山阴地区保苗 1.3 万～1.4 万株/亩，播种量以 25 千克/亩为宜。在蚕豆开花期，及时喷药防治豆象及后期叶部病害。在 12 台花序左右时摘顶，降低株高，防止倒伏。80% 中上部荚变黑时要及时收获，避免种皮变色影响蚕豆籽粒的商品性。

适宜地区：根据甘肃多点试验及生产试验结果表明，该品种丰产稳产性能好，适应性广，抗旱耐瘠性强，在甘肃蚕豆产区及国内其他同类地区均可推广种植，但以岷县、积石山、临夏等同类雨养农业区的山旱地为最佳适宜地区。

49. 临蚕 11 号

品种来源：甘肃省临夏回族自治州农业科学院于 2002 年从青海省农林科学院引进的高代品系 3416 中系统选育而成，原品系代号为 3416-1。2015 年 1 月通过甘肃省农作物品种审定委员会认定，认定编号为甘认豆 2015004。

特征特性：中粒型品种，子叶翠绿色，株型紧凑，植株生长整齐，春性强，生育期 110 天。株高 105.0 厘米，有效分枝 1～2 个，茎粗 0.8 厘米。幼苗直立，幼茎深绿色，复叶椭圆形、深绿色，总状花序，花黑白色。始荚高度 15.0 厘米，结荚集中在中下部，荚长 7.5 厘米、宽 1.7 厘米。单株荚数 10～13 个，单株籽粒 25.0 粒，粒长 1.8 厘米、宽 1.3 厘米，百粒重 145.0 克。籽粒饱满整齐、中厚形，种皮乳白色，种脐白色。干籽粒蛋白质含量 31.42%，赖氨酸含量 1.60%，淀粉含量 42.60%。抗根腐病。

产量表现：2011 年 3 月至 2012 年 9 月两年多点试验平均亩产 235.45 千克，较对照品种（当地尕蚕豆）增产 17.8%。2013 年 3 月至 2014 年 9 月两年生产试验平均亩产 242.89 千克，较对照品种（当地尕蚕豆）增产 12.1%。

利用价值：既是鲜食加工的重要原料，也是豆乳制造、酱类酿造的重要原料。

栽培要点：2 月下旬至 3 月初播种，施尿素 7.5 千克/亩、过磷酸钙 80 千克/亩、氯化钾 10 千克/亩作种肥。种 2 行空 2 行，最佳播种量 18 千克/亩，保苗 1.4 万株/亩。初花期叶面喷施 0.2%硼砂＋0.2%钼酸铵混合液 2～3 次，结荚期叶面喷施 0.2%硼砂＋0.2%钼酸铵＋0.5%磷酸二氢钾混合液 2～3 次。整个生长期注意防治豆象和叶部病害。80％中上部荚变黑时及时收获。

适宜地区：适宜在甘肃蚕豆产区及国内其他同类地区推广种植，尤其适宜和政、渭源、临夏、岷县等无霜期短的高海拔寒冷阴湿及农牧交错地区种植。

50. 临蚕 12 号

品种来源：甘肃省临夏回族自治州农业科学院于 1997 年以临夏大蚕豆为母本、中农 2354 为父本杂交选育而成，原品系代号为 9716-1。2015 年 4 月通过甘肃省农作物品种审定委员会认定，认定编号为甘认豆 2015005。

特征特性：植株田间生长整齐，长势旺盛，春性强，株型紧凑，结荚部位低且集中，生育期适中，综合农艺性状优良。株高 136.5 厘米，有效分枝 1.1 个，单株荚数 10.2 个，单株籽粒 21.3 粒，茎粗 1.0 厘米。幼茎浅绿色，花浅紫色，复叶长椭圆形、绿色。荚长 10.9 厘米、宽 2.1 厘米，粒长 2.1 厘米、宽 1.6 厘米，百粒重 176.0 克。籽粒饱满，种皮乳白色。干籽粒水分含量 10.20％，蛋白质含量 31.24％，脂肪含量 0.95％，淀粉含量 51.97％，赖氨酸含量 1.65％。田间自然发生根腐病病株率 4.40％、病情指数 1.99，分别比对照品种（临蚕 9 号）低 4.3％、1.1％，根腐病抗性好。

产量表现：2012 年 3 月至 2013 年 9 月参加甘肃多点试验，2012 年平均亩产 361.98 千克，较对照品种（临蚕 5 号）增产 10.5％；2013 年平均亩产 379.02 千克，较对照品种（临蚕 5 号）增产 12.5％；综合两年试验结果，平均亩产 370.5 千克，较对照品种（临蚕 5 号）增产 11.5％。2012 年生产试验平均亩产 370.0 千克/亩，较对照品种（临蚕 9 号）增产 10.5％；2013 年生产试验平均亩产 369.0 千克/亩，较对照品种（临蚕 9 号）增产 11.5％。

利用价值：适合淀粉及油炸蚕豆加工。

栽培要点：精细整地，施足底肥，增氮补磷保钾，适期早播，合理密植，及时除草，适时灌水、摘心，合理防治病虫害，适时收获。

适宜地区：可在甘肃蚕豆主产区推广种植，尤其以积石山、康乐、和政、渭源为最适种植地区。

51. 临蚕 13 号

品种来源：甘肃省临夏回族自治州农业科学院于 2002 年以和政尕蚕豆为母本、法国 D 为父本杂交而成，原品系代号为 0208-3-2。2019 年 4 月通过农业农村部非主要农作物品种登记，登记编号为 GPD 蚕豆（2019）620002。

特征特性：植株田间生长整齐，长势旺盛，春性强，株型紧凑，结荚部位低且集中。株高 110.0～116.0 厘米，有效分枝 2.4～3.3 个，单株荚数 12.4～15.2 个，单株籽粒 27.8～53.2 粒，荚长 8.0～9.3 厘米、宽 0.6～0.9 厘米，粒长 0.8～1.0 厘米、宽 0.5～0.7 厘米，百粒重 85.0～95.0 克，种皮乳白色。农业农村部谷物及制品质量监督检验测试中心（哈尔滨）检测，干籽粒蛋白质含量 30.44%，淀粉含量 44.34%，脂肪含量 2.87%，赖氨酸含量 2.06%，单宁含量 0.24%。经甘肃省农业科学院植物保护研究所曹世勤研究员在 2018 年 7 月 17 日现场鉴定，该品种田间自然发生赤斑病的病叶率 19.15%、病情指数 7.41，对照品种（和政尕蚕豆）病叶率 60.23%、病情指数 38.72，显著低于对照品种；田间自然发生根腐病的病株率 7.94%、病情指数 5.42，对照品种（和政尕蚕豆）病株率 69.49%、病情指数 36.63，显著低于对照品种。

产量表现：2017 年 3 月至 2018 年 9 月参加甘肃多点试验，2017 年平均亩产 249.1 千克，较对照品种（和政尕蚕豆，211.1 千克/亩）增产 18.0%。2017 年 6 个生产试验点平均亩产 243.2 千克，较对照品种（和政尕蚕豆）增产 15.0%～18.0%；2018 年生产试验平均亩产 335.6 千克，较对照品种（和政尕蚕豆）增产 13.0%～15.0%。

利用价值：适合炒货加工专用。

栽培要点：精细整地，施足底肥，增氮补磷保钾，适期早播，合理密植，及时除草，适时灌水、摘心，合理防治病虫害，适时收获。

适宜地区：适宜在甘肃和政、康乐、临夏、渭源等高寒阴湿区、半干旱生态区的春蚕豆产区种植。

52. 临蚕 14 号

品种来源：甘肃省临夏回族自治州农业科学院于 2001 年以临蚕 2 号为母本、英国 55-1 为父本杂交而成，原品系代号为 0189-3-6。2019 年 4 月通过农业农村部非主要农作物品种登记，登记编号为 GPD 蚕豆（2019）620003。

特征特性：植株田间生长整齐，长势旺盛，春性强，株型紧凑，结荚部位低且集中。生育期 110～115 天，株高 132.0～143.9 厘米，有效分枝 1.8～3.0 个，单株荚数 7.6～12.9 个，单株籽粒 19.4～33.6 粒，荚长 14.0～18.0 厘米、宽 1.9～2.4 厘米，粒长 1.1～1.8 厘米、宽 0.8～1.4 厘米，百粒重 160.0～165.0 克，种皮乳白色。农业农村部谷物及制品质量监督检验测试中心（哈尔滨）检测，干籽粒蛋白质含量 29.19%，淀粉含量 46.15%，脂肪含量 2.84%，赖氨酸含量 2.02%，单宁含量 0.25%。经甘肃省农业科学院植物保护研究所曹世勤研究员现场鉴定，该品种田间自然发生赤斑病的病叶率 17.22%、病情指数 7.66，对照品种（临蚕 9 号）病叶率 45.47%、病情指数 17.14，显著低于对照品种；田间自然发生根腐病的病株率 8.00%、病情指数 5.20，对照品种（临蚕 9 号）病株率 19.07%、病情指数 17.37，显著低于对照品种。

产量表现：2016 年 3 月至 2017 年 9 月参加甘肃多点试验，同时进行生产试验及示范，2016 年平均亩产 348.2 千克，较对照品种（临蚕 9 号，312.1 千克/亩）增产 11.6%；2017 年平均亩产 339.1 千克，较对照品种（临蚕 9 号，307.2 千克/亩）增产 10.4%。

利用价值：适合鲜食蚕豆生产。

栽培要点：适期早播，增施磷肥，合理密植，适时灌水、摘心，合理防治病虫害，适时收获。

适宜地区：适宜在甘肃和政、康乐、渭源、漳县、临夏高寒阴湿区、半干旱生态区的春蚕豆产区春季种植。

53. 青海 13 号

品种来源：青海省农林科学院作物育种栽培研究所于 1999 年以马牙为母本、戴韦为父本杂交选育而成，原品系代号为 FE5（9922-3-2-6），属 *Vicia faba* var. *equina*。2009 年 12 月 10 日通过青海省第七届农作物品种审定委员会第四次会议审定，定名为青海 13 号，品种合格证号为青审豆 200901，品种权号为 CNA20100355.5。2017 年 12 月 20 日通过农业部非主要农作物品种登记，登记编号为 GPD 蚕豆（2017）630007。

特征特性：粒用型、春性品种，生育期 100 天。株高中等，株高 100.0～120.0 厘米。花白色，基部粉红色。结荚部位低，单株双（多）荚数多、荚粒数多，单荚籽粒 3～4 粒。成熟荚为硬荚，适于机械收获或脱粒。种皮乳白色，种脐白色，籽粒中厚形，百粒重 90.0 克。干籽粒蛋白质含量 30.19%，淀粉含量 46.49%，脂肪含量 1.01%，粗纤维含量 8.54%。中抗褐斑病、轮纹病、赤斑病。

产量表现：一般肥力条件下亩产 250.0～300.0 千克，地膜覆盖种植区亩产可达 400.0 千克以上。

利用价值：芽豆、淀粉和蛋白质加工，休闲食品加工利用。

栽培要点：选择中等或中上等麦茬为宜，忌轮作，注意前茬的除草剂危害。播前施适量农家肥，化肥按纯氮 2.5～3.0 千克/亩、五氧化二磷 4 千克/亩要求配施。3 月下旬至 4 月上中旬播种，播种深度 7～8 厘米，播种量 15.0～17.5 千克/亩，保苗 1.6 万～

1.8 万株/亩。等行机械条播或撒播种植，平均行距 35 厘米，株距 10.5～12.0 厘米。播后及时覆土镇压。当苗高 10.0 厘米时，及时中耕松土，并根据苗相追纯氮肥 2.5 千克/亩。在生长期及时拔除行间杂草。5 月底采用有效杀虫剂防治蚕豆根瘤象，视虫情连续防治 2～3 次，每隔 7～10 天防治 1 次。蚜虫发生初期，用杀虫剂喷施封闭带，蚜虫发生普遍时，全田喷雾防治。开花期采用高效低毒、广谱型杀菌剂对蚕豆赤斑病进行预防。遇到气温偏低、降水过多年份或阴湿地块，视情况打顶。田间 80% 以上植株的下部荚变黑、中上部荚鼓硬时，及时收获。

适宜地区：适宜在海拔 2 800 米左右的中、高位山旱地种植。现主要分布于青海、甘肃等地区。

54. 青蚕 14 号

品种来源：青海省农林科学院作物育种栽培研究所于 1994 年以 72-45 为母本、日本寸蚕为父本杂交选育而成，原品系代号为 9402-2（132），属 *Vicia faba* var. *major*。2011 年 11 月 20 日通过青海省第八届农作物品种审定委员会第五次会议审定，定名为青蚕 14 号，审定编号为青审豆 2011001 号。2017 年 12 月 20 日通过农业部非主要农作物品种登记，登记编号为 GPD 蚕豆（2017）630004。

特征特性：粮菜兼用型、春性品种，生育期 120 天。株型紧凑，植株较高，株高 140.0～150.0 厘米。幼苗直立，幼茎浅绿色，主茎绿色、方形，主茎粗（1.3±0.2）厘米，叶姿上举。总状花序，花白色，旗瓣白色，脉纹浅褐色，翼瓣白色，中央有一黑色圆斑。成熟荚黑色。籽粒中厚形，种皮乳白色，种脐黑色，百粒重 190.0 克。干籽粒蛋白质含量 27.23%，淀粉含量 41.19%，脂肪含量 1.04%，粗纤维含量 2.37%。

产量表现：一般肥力条件下亩产 300.0～400.0 千克。在高水肥条件下，亩产 400.0～450.0 千克。

利用价值：芽豆、淀粉和蛋白质加工，休闲食品加工、蔬菜化利用。

栽培要点：以中等或中上等麦茬地为宜，忌连作，注意前茬除草剂危害。及早秋耕深翻，耕深 20 厘米以上，冬灌或春灌（旱作时不灌溉）。播前施适量农家肥、五氧化二磷 4 千克/亩。水地条件下，3 月中旬至 4 月上旬播种，播种深度 7～8 厘米，基本苗 1.0 万～1.1 万株/亩，等行或宽窄行种植，等行种植行距 40 厘米，宽窄行种植时采用 3 窄 1 宽的方式，宽行行距 40～45 厘米，窄行行距 30 厘米，株距 14～15 厘米。蚕豆生长期灌水 2～3 次，初花期灌第一水。及时拔除田间杂草，当主茎开花至 12 台时及时打顶。

适宜地区：适宜在春播区海拔 2 600 米以下的地区种植，主要分布在青海、甘肃、宁夏、新疆等。

55. 青蚕 15 号

品种来源：青海省农林科学院作物育种栽培研究所和青海鑫农科技有限公司于 1999 年以湟中落角为母本、96-49 为父本杂交选育而成，原品系代号为 9902-10-1，属 *Vicia faba* var. *major*。2013 年 12 月 日通过青海省第七届农作物品种审定委员会第三次会议审定，定名为青蚕 15 号，品种合格证号为青审豆 2013001 号，品种权号为 CNA20100356.4。2017 年 12 月 20 日通过农业部非主要农作物品种登记，登记编号为 GPD 蚕豆（2017）630006。

特征特性：粒用型、春性品种，生育期 120～130 天。植株较高，株型紧凑，株高 130.0～140.0 厘米。幼苗直立，幼茎浅紫色，主茎浅紫色。花紫红色，旗瓣紫红色，脉纹浅褐色，翼瓣紫色，中央有一黑色圆斑，龙骨瓣浅紫色。成熟荚黄色。籽粒中厚形，种皮乳白色，种脐黑色，百粒重 200.0 克。干籽粒蛋白质含量 31.19%，淀粉含量 37.20%，脂肪含量 0.96%，粗纤维含量 8.10%。

产量表现：一般肥力条件下亩产为 300.0～400.0 千克，高肥力水平下亩产可以达到 500.0 千克以上。

利用价值：芽豆、淀粉和蛋白加工、休闲食品加工、蔬菜化利用。

栽培要点：以中等或中上等麦茬地为宜，要求 3 年以上蚕豆轮作。及早秋耕深翻，耕深 20 厘米以上，冬灌或春灌（旱作时不灌溉）。3 月中旬至 4 月上旬播种，播种深度 8～10 厘米，基本苗 1.0 万～1.1 万株/亩，等行或宽窄行种植，等行种植行距 40 厘米，宽窄行种植时采用 3 窄 1 宽的方式，宽行行距 40～45 厘米，窄行行距 30 厘米，株距 14～15 厘米。当主茎开花至 12 台时及时打顶。苗期注意防治根瘤象，花期注意防治蚜虫。

适宜地区：适宜在春播区海拔 2 600 米以下的地区种植，主要分布在青海、甘肃、宁夏、新疆等。

56. 青蚕 16 号

品种来源：青海省农林科学院作物育种栽培研究所于 1999 年以马牙为母本、Lip88-243FB 为父本杂交选育而成，原品系代号为 Y4（9920-2-5），属 *Vicia faba* var. *major*。2019 年 5 月 31 日通过农业农村部非主要农作物品种登记，定名为青蚕 16 号，登记编号为 GPD 蚕豆（2019）630005，品种权号为 CNA20130685.3。

特征特性：干籽粒型。春性品种，生育期 110 天。有限生长型，株型紧凑，株高 50.0～60.0 厘米。复叶浅绿色，花白色，翼瓣有黑斑。结荚集中，成熟一致，适于机械化生产。主茎分枝 4～5 个，单株荚数 10～15 个，单荚籽粒 2～3 粒。籽粒乳白色，百粒重 110.0～120.0 克。干籽粒蛋白质含量 31.03%，淀粉含量 45.35%。中抗赤斑病，耐旱性中等。

产量表现：一般肥力条件下亩产为 220.0～250.0 千克，高肥力条件下亩产可以达到 300.0 千克。

利用价值：芽豆、淀粉和蛋白加工，休闲食品加工利用。

栽培要点：以中等或中上等麦茬地为宜，忌轮作，注意前茬的除草剂危害。播前按照纯氮 2.5～3.0 千克/亩、五氧化二磷 4.0 千克/亩要求配施。3 月下旬至 4 月上中旬播种，播种深度 7～8 厘米，基本苗 1.3 万～1.5 万株/亩。等行机械条播，平均行距 35 厘米，株距 10.5～12.0 厘米。在生长期及时拔除行间杂草。初花期追纯氮肥 2.5 千克/亩。5 月底采用有效杀虫剂防治蚕豆根瘤象，视虫情连续防治 2～3 次，每隔 7～10 天防治 1 次。蚜虫发生初期用杀虫剂喷施封闭带，蚜虫发生普遍时全田喷雾防治。开花期采用高效低毒、广谱型杀菌剂对蚕豆赤斑病进行预防。田间 30% 以上植株的下部荚变黑、中上部荚鼓硬时，及时收获。

适宜地区：适宜在北方春蚕豆区青海海东、西宁、海南、海西海拔 2 800 米以下的地区春季种植。

57. 青蚕 18 号

品种来源：青海省农林科学院作物育种栽培研究所与青海鑫农科技有限公司于 2008 年从引进品种 3290 中系统选育而成，原品系代号为 200801，属 *Vicia faba* var. *major*。2019 年 5 月 31 日通过农业农村部非主要农作物品种登记，定名为青蚕 18 号，登记编号为 GPD 蚕豆（2019）630004，品种权号为 CNA20151083.7。

特征特性：干籽粒型，种皮不变色蚕豆，春性。生育期 110～120 天。株型紧凑，株高 90.0～100.0 厘米。复叶绿色，花白色，翼瓣无色斑，成熟荚黄褐色。主茎分枝 2.5～3.3 个，单株荚数 15.0 个以上，单株籽粒 35～45 粒，单荚籽粒 3～4 粒，单株粒重 50.0～60.0 克，籽粒白色，百粒重 130.0～140.0 克。干籽粒蛋白质含量 28.10%，淀粉含量 44.20%。中抗赤斑病，耐旱性中等。

产量表现：一般肥力条件下亩产 200.0～233.33 千克，高肥力条件下亩产可达 300.0 千克以上。

利用价值：芽豆、淀粉和蛋白加工，休闲食品加工利用。

栽培要点：以中等或中上等麦茬地为宜，忌连作，注意前茬除草剂危害。及早秋耕深翻，耕深 20 厘米以上，冬灌或春灌（旱作时不灌溉）。播前施适量农家肥、五氧化二磷 4.0 千克/亩。在 3 月下旬至 4 月上中旬播种，播种深度 7～8 厘米，基本苗 1.2 万～1.27 万株/亩。等行机械条播，平均行距 35 厘米，株距 10.5～12.0 厘米。在生长期及时拔除行间杂草。开花期采用高效低毒、广谱型杀菌剂对蚕豆赤斑病进行预防。田间 80％以上植株的下部荚变黑、中上部荚鼓硬时，及时收获。

适宜地区：适宜在北方春蚕豆区青海海东、西宁、海南、海西海拔 2 800 米以下的地区春季种植。

58. 青蚕 19 号

品种来源：青海省农林科学院作物育种栽培研究所和青海昆仑种业集团有限公司于 2008 年以 3290 为母本、云南新平绿豆为父本杂交选育而成，原品系代号为 GF47，属 *Vicia faba* var. *major*。2019 年 5 月 31 日通过农业农村部非主要农作物品种登记，定名为青蚕 19 号，登记编号为 GPD 蚕豆（2019）630007，品种权号为 CNA20180809.9。

特征特性：春性、粮用型品种，春播区生育期 110～120 天。植株中等，株型紧凑，株高 120.0～130.0 厘米，茎绿色，无限生长型。复叶绿色，旗瓣白色，翼瓣白色，成熟荚褐色，硬荚。主茎分枝 2.5～3.3 个，单株荚数 15.0 个以上，单株籽粒 35～45 粒，单荚籽粒 3～4 粒，单株粒重 50.0～60.0 克。籽粒褐色，子叶绿色，百粒重 130.0 克。干籽粒蛋白质含量 30.72％，淀粉含量 40.60％。中抗赤斑病，耐旱性中等。

产量表现：一般肥力条件下亩产 300.0～350.0 千克，高肥力水平下亩产达 400.0 千克以上。

利用价值：休闲食品加工。

　　栽培要点：以中等或中上等麦茬地为宜，忌连作，注意前茬除草剂危害。及早秋耕深翻，耕深 20 厘米以上，冬灌或春灌（旱作时不灌溉）。播前施适量农家肥、五氧化二磷 4.0 千克/亩。3 月下旬至 4 月上中旬播种，播种深度 7～8 厘米，基本苗 1.3 万～1.4 万株/亩。等行机械条播，平均行距 35 厘米，株距 14～15 厘米。在生长期及时拔除行间杂草。开花期采用高效低毒、广谱型杀菌剂对蚕豆赤斑病进行预防。田间 80% 以上植株的下部荚变黑、中上部荚鼓硬时，及时收获。

　　适宜地区：适宜在北方春蚕豆区春季种植。

第二节　塑料大棚搭建

　　塑料大棚是在塑料小拱棚基础上发展起来的大型塑料薄膜覆盖保护地栽培设施。20 世纪 50 年代，我国从苏联引进的保护地栽培技术，可谓简易的设施农业。塑料大棚是 20 世纪 60 年代后期引入我国的，最先在蔬菜上应用。20 世纪 60 年代末，我国北方才初步形成了由简单覆盖、风障等构成的保护地生产技术体系。20 世纪 70 年代，推广地膜覆盖技术，对保温、保水、保肥起到了很大作用。20 世纪 70 年代初，在黑龙江高寒地区以及山西晋中等地开始进行小面积的大棚西瓜栽培试验，但因当时处于摸索阶段，栽培管理技术不成熟，再加上当时的塑料工业尚不发达，所以没有发展起来。20 世纪 80 年代初期，沿海等地又开始研究和推广大棚西瓜栽培技术，并取得了突破性进展。20 世纪 80 年代中后期，许多地方，特别是在浙江台州一带，运用单栋式 6 米宽钢管大棚或 8 米宽提高型钢管大棚加地膜对嫁接后的西瓜进行反季节栽培，实现了西瓜早熟、丰产和优质，取得了明显的增产和增效。进入 20 世纪 90 年代后，这项技术除了广泛用于西瓜外，还用于茄子、番茄等其他蔬菜。我国设施园艺总面积已从 1981 年的 10.8 万亩猛增到 2015 年的 6 160.0 万亩，设施蔬菜面积达到 5 700 多万亩，我国一跃成为世界设施园艺面积最大的国家。

一、塑料大棚的类型

目前，我国塑料大棚的种类很多，根据棚顶的形状，可分为拱圆形、屋脊形；根据连接方式和栋数，可分为单栋型和连栋型；根据骨架结构形式，可分为拱架式、横梁式、桁架式、充气式；根据建筑材料，可分为竹木结构、混合结构、钢管水泥柱结构、钢管结构以及 GRC（玻璃纤维增强混凝土）预制件结构等；根据使用年限，大棚可分为永久型和临时型。还可以按照使用面积的大小，将大棚分为塑料小棚、塑料中棚、塑料大棚 3 种。一般把棚高 1.8 米以上、棚跨度 8 米、棚长度 40 米以上、面积 0.5亩以上的称为大棚，棚高 1.0～1.5 米、棚跨宽度 4～5 米、面积0.1～0.5 亩的称为中棚，棚高 0.5～0.9 米、棚跨度 2 米、面积0.1 亩以下的称为小棚。

各种类型的大棚都有其特有的性能和特点，使用者可根据当地的气候条件、经济实力和建棚目的灵活选用。

1. 按屋顶形式区分

（1）拱圆形大棚　该类型的大棚是用竹木、圆钢或镀锌钢管、水泥或 GRC 预制件等材料制成弧形或半椭圆形骨架（又叫棚体）。其内部结构可分为两种，一种有立柱、拉杆，另一种无立柱。棚架上覆盖塑料薄膜后再用压杆、拉丝或压膜线等固定好，形成完整的大棚。

（2）屋脊形双斜面大棚　这种大棚的顶部呈"人"字形，有两个斜面，棚两端和棚两侧与地面垂直，而且较高，外形酷似一幢房子，其建材多为角钢。因其建造复杂、棱角多，易损坏塑料薄膜，故生产上应用日益减少。

2. 按构建材料区分

（1）毛竹大棚　所用的主要材料如下。

①毛竹。二年生毛竹，长5米左右，中间处的粗度为8～12厘米、顶粗度不小于6厘米。竹子砍伐时间以8月以后为好，因为这样的毛竹质地坚硬而柔韧富有弹性，不生虫，不易开裂。按每亩大棚需毛竹2 000千克左右备用。

②大棚膜。选用多功能膜（无滴膜）最佳，可增加光能利用率、提高大棚的保温性能。膜幅宽7～9米，厚度65～80微米，一筒40千克的大棚膜可覆盖1亩左右。

③小棚膜。用普通农膜，幅宽2～3米，厚度14微米，每亩用量10千克。小棚用的竹片长2～3米，宽2～3厘米。

④地膜。选用1.5～2.0米宽的无滴膜（水稻秧苗膜），每亩用量3千克。

⑤压膜线。最好选用企业生产的专用产品，也可就地取材，每亩用量7千克。

⑥竹桩。竹桩用毛竹根部制成，长约50厘米，近梢端削尖，近根端削有止口，以利于压膜线固定，每亩用量约260根。

在建造大棚前，要对一些骨架材料进行处理，埋入地下的基础部分是竹木材料的，要涂沥青或用废旧薄膜包裹，防止腐烂。拱杆表面要打磨光滑、无刺，防止扎破棚膜。

毛竹大棚的建造要按以下工序执行：定位放样→搭拱架→埋竹桩（压膜线固定柱）→上棚膜（选无风晴天进行）→上压膜线扣膜（拴紧、压牢）→覆膜。

整块大棚膜的长、宽均应比棚体长、宽4米左右，覆膜时，先沿大棚的长度方向靠近插拱架的地方，开一条10～20厘米深的浅沟。盖膜后，将预先留出的贴地部分依次放入已开好的沟内，并随即培土压实。这种盖膜方式保温性能好，但气温回升后通风较困难，有时只能在棚膜上开通风口，致使棚膜不能重复使用。盖膜时操作简单。

塑料大棚覆盖薄膜以后，需在两个拱架间用线压住薄膜，避免因刮风吹起、撕破薄膜，影响覆盖效果。目前常用的压膜线为聚丙烯压膜线。

（2）825 型和 622 型钢管棚　所用的主体材料为装配式镀锌钢管。其他主要材料如下。

①大棚膜。内外膜均选用多功能膜（无滴膜），以增加光能利用率，提高大棚的保温性能。外膜幅宽 12.5 米，厚度 80 微米，一筒 40 千克的大棚膜可覆盖 1 亩左右。内膜选用多功能膜 8～10 米（无滴膜），厚度 50 微米，每亩用量 25～30 千克。

②裙膜。高 80 厘米，根据大棚长度，由旧大棚外膜裁剪而成。

③地膜。选用 1.5～2.0 米宽的无滴膜（水稻秧苗膜），每亩用量 3 千克。

④压膜线。最好选用企业生产的产品，也可就地取材，每亩用量 7 千克。

⑤拉钩。由铁制材料做成，长约 50 厘米，每边隔 1 米 1 个，每亩用量约 170 个。

此类大棚构建按以下工序执行：定位放样→安装拱管（按厂家提供的使用说明书进行组装）→安装纵向拉杆并进行棚形调整→装压膜槽和棚头（安装时，压膜槽的接头尽可能错开，以提高大棚的稳固性）→覆膜→安装好摇膜设施。钢管棚通风口的大小由摇膜杆高低来控制。

二、塑料大棚的性能和效应

1. 透光性能

光照是大棚内小气候形成的主导因素，直接或间接地影响着棚内温度和湿度的变化。影响棚内光照度的因素很多，如不同质地的棚膜透光率差异很大，新的聚乙烯棚膜透光率可达 80%～90%，而薄膜一经粉尘污染或附着水珠后，透光率很快下降；大棚膜顶的形状、大棚走向以及骨架的遮阳状况等都影响棚内的光照度。因此，光照条件比中、小塑料棚内优越。据测定，大棚内的光照度在晴朗的天气相当于自然光的 51%；在阴天，棚内散射光则为自然光的 70%左右，可基本满足蚕豆生长发育的要求。棚内光照的垂直变化是上部光照度较大，向下逐渐减弱，近地面处最小。

2. 增温、保温性能

由于塑料薄膜的热传导率低，导热系数仅为玻璃的 1/4，透过薄膜的光，照射到地面所产生的辐射热散发慢，保温性能好，棚内温度升高快。同时，由于大棚覆盖的空间大，棚内温度比中小棚要稳定。一般大棚内地温和气温稳定在 15℃以上的时间比露地早 30～40 天，比地膜覆盖早 20～30 天。此外，大棚内的空间大，可根据情况在棚内加盖小拱棚，其保温效果可得到进一步提高。大棚"三膜覆盖"蚕豆一般比露地早播种 75 天左右，比"两膜覆盖"早 45 天左右。

三、建棚前的准备

大棚投资大，使用年限长，在建棚前要进行周密的计划。首先，要选择 3～5 年内都未种过蚕豆和十字花科蔬菜的地块作为建棚场地，而且建棚场地应符合以下条件：沿海地区按台风东西方向建棚，内陆地区按采光度南北方向建棚；背风向阳，东、西、南三面开阔无遮阳，以利于大棚采光，丘陵地区要避免在山谷风口处或低洼处建棚；地面平坦，地势较高，土壤肥沃，灌排水方便，水质无污染，地下水位在 1.5 米以下；水电路配套，交通便利，建棚时材料运进和产品运出要方便。建棚前要准备充分，所有物资都要到位。

四、大棚的规模与布局

1. 确定大棚方位

大棚的方位有东西向和南北向两种，即东西向大棚和南北向大棚。两种方位的大棚在采光、温度变化、避风雨等方面具有不同的特点。一般来说，东西向大棚，棚内光照分布不均匀，畦北侧由于光照较弱，易形成弱光带，造成棚内北侧蚕豆生长发育不良。南北向大棚则相反，其透光量不仅比东西向多 5% ～7%，且受光均匀，棚内白天温度变化也较平稳，易于调节，棚内蚕豆枝蔓生长整齐。因此，通常采用南北向搭建，偏角最好为南偏西，棚的长度控制在 100 米以内。

2. 合理布局

大棚的方向确定后，要考虑道路的设置、大棚门的位置和邻栋间隔距离等。场地道路应便于产品的运输和机械通行，路宽最好在 3 米以上。大棚最好在一条直线上，便于铺设道路。以邻栋不互相遮光和不影响通风为宜。一般从光线考虑，棚间距离不少于 2 米，南北距离不少于 5 米。

目前，生产上常用的塑料大棚面积为 0.5～1 亩，宽 6～8 米，长 40～60 米，保湿性能好，适宜蚕豆栽培。

大棚的长宽比对大棚的稳定性有一定的影响，相同的大棚面积，长宽比越大，周长越大，地面固定部分越多，稳定性越好。一般认为，长宽比大于或等于 5 较好。

棚体的高度要有利于操作管理，但也不宜过高，过高的棚体表面积大，不利于保温，也易遭风害，而且对拱架材质强度要求也高，进而提高了建造成本。一般简易大棚的高度以 2.2～2.8 米为宜。

棚顶应有较大的坡度，防止棚顶积雪，减小大风受力，其高跨比一般为 1∶3。

五、塑料大棚的建造

1. 拱圆形竹木结构塑料大棚的建造

拱圆形竹木结构塑料大棚一般有立柱 4～6 排，立柱纵向间隔 2～3 米，横向间隔 2 米，埋深 50 厘米。要建造一个面积为 1 亩、跨度 10～12 米、长 50～60 米、矢高 2.0～2.5 米的竹木结构大棚，需准备直径 3～4 厘米的竹竿 120～130 根，5～6 厘米粗的竹竿或木制拉杆 80～100 根，2.6 米长的中柱 40 根左右，2.3 米长的腰柱 40 根左右，1.9 米长的边柱 40 根左右，中柱、腰柱和边柱顶端要穿孔，以便固定拉杆。还要准备 8 号铁丝 50～60 千克，塑料薄膜 130～150 千克。

确定好大棚的位置后，按要求划出大棚边线，标出南北两头 4～6 根立柱的位置，再从南到北拉 4～6 条直线，沿直线每隔 2～3 米设 1 根立柱。立柱位置确定后，开始挖坑埋柱，立柱埋深 50 厘米，下面垫砖以防下陷，埋上要踏实。埋立柱时，要求顶部高度一致，南、北向立柱在一直线上。

立柱埋好后即可固定拉杆，拉杆可用直径 5～6 厘米粗的竹竿或木杆，用铁丝沿大棚纵向固定在中柱、腰柱和边柱的顶部。固定拉杆前，应将竹竿烤直，去掉毛刺，竹竿大头朝一个方向。

拉杆装好后再上拱杆，拱杆是支撑塑料薄膜的骨架，沿大棚横向固定在立柱或拉杆上，呈自然拱形，每条拱杆用 2 根，在小头处连接，大头插入土中，深埋 30～50 厘米，必要时两端加"横木"固定，以防拱杆弹起。若拱杆长度不够，则可在棚两侧接上细毛竹弯成拱形插入地下。拱杆的接头处均应用废塑料薄膜包好，以防磨坏棚膜，大棚拱杆一般每 2 根间隔 1.0～1.5 米。

扎好骨架后，在大棚四周挖一条 20 厘米宽的小沟，用于压埋棚膜的四边。在采用压膜线压膜时，应在埋薄膜沟的外侧设置地锚。地锚可用 30～40 厘米见方的石块或砖块，埋入地下 30～40 厘米，上用 8 号铁丝做个套，露出地面。

上述工作做完后，即可扣塑料薄膜，扣膜应选在无风的天气进行。选用厚度为 0.08 毫米的聚氯乙烯无滴膜，增强透光性，增加光能利用率，秋冬季蚕豆也可用聚乙烯薄膜或用过一次的旧薄膜。根据大棚的长度和宽度，购买整块薄膜。一般两侧围裙用的薄膜宽 0.8～1.0 米，可选用上季或上年用的旧薄膜。扣膜时，顶部薄膜压在两侧棚膜之上，膜连接处应重叠20～30厘米，以便排水和保温。扣棚膜时要绷紧，以防积水。

棚膜扣好后，用压杆将薄膜固定好。压杆一般选用直径3～4厘米粗的竹竿，压在两道拱杆之间，用铁丝固定在拉杆上。有的地方不用压杆，而是用8号铁丝或压膜线，两端拉紧后固定在地锚上。

大棚建造的最后一道工序是开门、开天窗和边窗。为了进棚操作，在大棚南北两端各设一个门，也可只在南端设一个门。门高1.5～1.8米，宽80厘米左右。大棚北端的门最好有3道屏障，最里面一层为木门，中间挂一草苫，外侧为塑料薄膜，这样有利于防寒保温。为了便于放风，可把大棚两端的门（做成活门）取下横放在门口，或在薄膜连接处扒口进行通风。拱圆形大棚结构示意图见图3-1。

图3-1　拱圆形大棚结构示意图

2. 竹木水泥混合拱圆形大棚的建造

这种大棚的建造方法与竹木结构大棚的建造基本一致。但所插立柱是用水泥预制的。立柱的规格：断面可以为7厘米×7厘米或8厘米×8厘米或8厘米×10厘米，长度按标准要求，中间用钢筋加固。每根立柱的顶端制成凹形，以便安放拱杆，离顶端5～30厘米处分别留2～3个孔，以便固定拉杆和拱杆。一般每亩大棚需用水泥中柱、腰柱各50～60根。

六、塑料大棚的覆盖材料

1. 农膜

按其加工的原料来分，有聚乙烯（PE）膜、聚氯乙烯

（PVC）膜、乙烯-醋酸乙烯（EVA）膜等。其中，以 EVA 膜性能最好，而 PVC 膜最差。按其性能来分，有普通膜、防老化膜、无滴膜、双防膜、多功能转光膜、多功能膜、高保温膜等。

（1）棚膜　一般厚 0.07～0.10 毫米，幅宽 8～15 米。棚膜应该符合以下要求：①透光率高；②保温性强；③抗张力、伸长率好，可塑性强；④抗老化、抗污染力强；⑤防水滴、防尘；⑥价格合理，使用方便。浙江慈溪当地早春多阴雨、低温、寡照，宜选用多功能转光膜或多功能膜作为棚膜覆盖。现阶段最好的棚膜是 EVA 膜。此膜以乙烯-醋酸乙烯为原料，在添加防雾滴剂后，具有较好的流滴性和较长的无滴持效性。其优点如下：①保温性好。据浙江省农业农村厅测定，EVA 膜夜间温度比多功能膜高 1.4～1.8℃。②无滴性强。由于 EVA 树脂的结晶度较低，具有一定的极性，能增加膜内无滴剂的极容性和减缓迁移速率，有助于改善薄膜表面的无滴性和延长无滴持效性。③透光率高。据测试，EVA 膜透光率为 84.1%～89.0%，覆盖 7 个月后仍有 67.7%，而普通膜则由 82.3%降至 50.2%，多功能膜降至 55.0%。EVA 膜的高透光率还表现在增温速度快，有利于大棚作物的光合作用。④强度高，抗老化能力强。新膜韧性、强度高于多功能膜，断裂伸长率仍保持在新膜的 95.0%左右，一般可用 2 年。

（2）地膜　国产地膜的原料为聚乙烯树脂，其产品分为普通地膜和微薄地膜两种。普通地膜厚度 0.014 毫米，使用期一般在 4 个月以上，保温增温、保湿性较好。微薄地膜厚度为 0.007 毫米，为普通地膜的 1/2，质轻，可降低生产成本。按颜色分，有黑色、银灰色、白色、绿色地膜，以及黑色与白色、黑色与银白色的双色地膜。蚕豆旦春、秋冬季应选择普通地膜，以利于增温，春、夏季露地可选择微薄地膜。

地膜的作用是甚高地温，抑制杂草，抑制晚间土壤辐射降温，保持土壤湿度，改善作物底层光照条件，避免降水对土壤的冲刷，使土壤中肥料加速分解及淋失，有利于土壤理化性状改善和肥料的利用。在蚕豆生产过程中覆盖地膜的另一个重要作用是使蚕豆成熟度一致，以利于统一上市，提高产量和效益。

2. 草帘

由稻草、蒲草等编织而成，保温效果明显、取材容易、价格低廉。草帘多在较寒冷的季节或强寒潮天气，覆盖在大棚内小棚膜上或围盖在裙膜上作为增温的辅助材料。使用草帘时，一定要加强揭盖管理，当天气转暖或有太阳时及时揭去草帘。早春或秋冬季草帘多在夜晚使用，白天一般都要揭帘，以增加棚内光照。

3. 聚乙烯高发泡软片

聚乙烯高发泡软片是白色多气泡的塑料软片，宽 1 米、厚 0.4～0.5 厘米，质轻能卷起，保温性与草帘相近。

第三节　深耕与整地

一、深耕

作物生长需要一定的耕作深度，农户常年用畜力犁耕地，土地不平，耕作深度一般只有 12 厘米左右，而且不能很好地翻松土壤。用小四轮拖拉机带铧式犁或旋耕机进行浅翻、旋耕作业，土壤耕层只有 12～15 厘米，致使耕作层与心土层之间形成了一层坚硬、封闭的犁底层，长此以往，熟土层厚度减少，犁底层厚度增加，很难满足作物生长发育对土壤的要求，导致产量受到影响。另外，长期反复大量施用化肥和农药，微生物消耗土壤有机质，磷酸根离子形成难溶性磷酸盐，破坏了土壤团粒结构，土壤表层逐渐变得紧实。坚硬板结的土层阻碍了耕作层与心土层之间水、肥、气、热的连通性，严重影响土壤水分下渗和透气性能，作物根系难以深扎，导致耕作层显著变浅，犁底层逐年增厚，土壤日趋板结。理化性状变劣，耕地地力下降，制约了产量的提高。

机械深耕是土壤耕作的重要内容之一，也是农业生产过程中经常采用的增产技术措施，目的是为作物的播种发芽、生长发育提供良好的土壤环境。首先，利用机械深松深翻，可以使耕作层疏松绵软、结构良好、活土层厚、平整肥沃，使固相、液相、气相比例相互协调，适应作物生长发育的要求。其次，可以创造一个良好的发芽种床或菌床。对旱作来说，要求播种部位的土壤比较紧实，以利于提墒，促进种子萌动；而覆盖种子的土层则要求松软，以利于透水透气，促进种子发芽出苗。最后，深耕可以清理田间残茬杂草，掩埋肥料，消灭寄生在土壤和残茬上的病虫害。

深耕包括深翻耕作（即传统的深耕）和深松耕作。

深翻耕作是土壤耕作中最基本也是最重要的耕作措施之一，不仅对土壤性质的影响较大，同时作用范围广，持续时间也远比其他耕作措施长，而且其他耕作措施（如耙地等）都是在这一措施基础上进行的。深翻耕作具有翻土、松土、混土、碎土的作用。机械深翻耕作技术的实质是用机械实现翻土、松土和混土。

深松耕作是指超过一般耕作层厚度的松土。机械深松耕作技术的实质是通过大型拖拉机配挂深松机，或配挂带有深松部件的联合整地机等机具，松碎土壤而不翻土、不乱土层。通过深松土，可以在保持原土层不乱的情况下，调节土壤三相比例，为作物生长发育创造适宜的土壤环境条件。机械深松整地作业是全方位或行间深层土壤耕作的机械化整地技术。这项耕作技术可以在不翻土、不打乱原有土层结构的情况下，通过机械达到疏松土壤、打破坚硬的犁地层、改善土壤耕层结构，增加土壤耕层深度，起到蓄水保墒、增加地温、促进土壤熟化、提升耕地地力的作用。同时，还能促进作物根系发育，增强其防倒伏和耐旱能力，为作物高产稳产奠定一定的基础。

二、整地

（一）整地的增产效果

为获取蚕豆的高产，提高经济效益。必须把土质瘠薄的斜坡地，整成土层深厚、上下两平、能排能灌的高产稳产农田，把跑水、跑土和跑肥的低洼田逐步改造成保水、保土和保肥的"三保田"。

（二）整地的技术要求

1. 上下两平，不乱土层

为使新整农田当年创高产，在整地标准上，首先要求地上和地下达到"两平"。地上平是为了减少雨后径流，防止水土流失，有利于排灌，故应根据水源和排灌方向，保持一定的坡降比例，一般是梯田的纵向为 0.3‰～0.5‰，横向为 0.1‰～0.2‰。地下平是要求土层保持一定的厚度，不能一头厚、一头薄或一边深、一边浅。如果土层深浅不等，蚕豆的生长就不会一致，达不到平衡增产的目的。一般土层深度要求保持在 50 厘米以上，先填生土，后垫熟土，使熟土层保持在 20～25 厘米为宜。或者采取"两生夹一熟"的办法，即在熟土上垫上 3～5 厘米生土，进行浅耕混合，以促进生土熟化。

2. 增施肥料，灌水沉实

为促进土壤熟化，要结合冬春耕地，增施有机肥，重施氮、磷、钾化肥，特别是增施氮素化肥，对蚕豆发苗增产有重要作用。一般每亩施土杂肥 27 500 千克、标准氮素化肥 30～40 千克、过磷酸钙 40～80 千克、硫酸钾 10～15 千克或草木灰 100～150 千克。据试验，每亩施 2 500 千克圈肥，再加施 15～20 千克标准氮素化肥、30～40 千克过磷酸钙、8～9kg 氯化钾，每亩产荚果 310.1～336.8 千克，比单施 2 500 千克圈肥多产荚果 31.3～84.7 千克，增产率为 10.2‰～25.1‰。

新整农田由于大起大落，土层悬空不沉实，没有形成上松下实的土层结构，气、水矛盾激化。有的在土层内还有许多暗坷垃，透风跑墒，播种的蚕豆往往因底墒不足而落干吊死，造成缺苗断垄；或遇降水过多，土壤蓄水过大，地温下降，造成芽涝；或土层塌陷，拉断根系，造成弱苗或死苗。因此，在整地后，应采取灌水沉实的办法，使上下悬空的土层上松下实，灌水要在冬季封冻前或早春解冻后进行，灌水过迟，会造成土壤黏实，地温回升慢，影响适期播种和正常出苗。灌水时要开沟、筑埂，以便灌透、灌匀。灌水后及时整平地面，耙平耱细，以利于保墒防旱。灌水量不要过多，以润透土层为宜，以免造成土层板结，影响整地效果。

3."三沟"配套，能排能灌

新整农田要建成高产稳产田，除结合水利配套设施，搞好排灌系统外，还要抓好"三沟"配套，做到防冲防旱、能排能灌。使沟沟相连，彻底解决雨后"半边涝"和"旱天灌溉"的问题。

第四节　蚕豆栽培模式和技术

一、蚕豆的栽培模式

浙江北部地区的蚕豆多以收获嫩荚为主，为延长蚕豆的采摘季节，做到平衡上市，满足市场需求，推行多种栽培模式发展蚕豆生产。主要的栽培模式如下。

1. 大棚栽培技术

在霜降前后播种，蚕豆在自然环境下度过春化阶段，然后扣膜升温，使蚕豆能提前20天左右上市。蚕豆苗经过人工低温春化处理，转入大棚内栽培。蚕豆在8月上中旬催芽后低温春化处理，9月上旬移栽大棚内，12月底至翌年1月中旬收获。

2. 秋播越冬露地栽培

霜降前后播种，4月底至5月中旬收获。

3. 间作套种

由于蚕豆植株较高，一般与低矮冬性品种间作，可与大白菜、芹菜、菠菜间作，春化蚕豆可与大棚草莓、花生间作。

二、蚕豆的秋播越冬栽培技术

1. 品种选择

一般在霜降前后播种，蚕豆播种出苗后即进入冬季低温时期，苗期有 2 个多月的缓慢生长期，应选择冬性较强的品种，保证苗期有较强的抗冻性，越冬后幼苗的恢复力较强、耐湿以及对赤斑病等叶部病害有较强的抗耐性是重要的选择性状，宜选择通蚕系列以及传统地方品种（海门大青皮、慈溪大白蚕、陵西一寸）。大面积生产不能选用春性品种。

2. 整地

选择轮作 3 年以上的地块。整地前每亩施 2～3 吨农家肥和 30 千克过磷酸钙，之后根据前作和间作、套种情况进行翻耕或旋耕，开沟作畦、起垄，畦宽和沟深根据地块的给排水条件和间作、套种种植结构而定，一般沟深 20～30 厘米、畦宽 1～3 米。

3. 种子精选及处理

精选无病斑、无破损、籽粒饱满的种子，播种前晒种 1～2 天。用钼酸铵和杀菌剂浸种或拌种。购买种子公司生产包装的标准化包衣种子不需要进行种子处理。

4. 播种期及播种方法

要根据当地气候条件决定，主要限制因素是温度。通常在当地平均气温降到 9～10℃时播种。以 10 月中下旬为宜，过早播种，植株过嫩易受寒害；延迟播种，由于前期生育期短，不利于蚕豆早发。在适宜的播期范围内，适当早播对蚕豆获得高产有利。

播种可采用机械或人工方式，分为打穴点播和开行点播两种方式。播种深度以 3～5 厘米为宜，沙土稍深，黏土、壤土稍浅。播种过深，子叶节上分枝退化，分枝节埋在土中，分枝减少。因此，与深播相比，适当浅播有效分枝可增加 15％左右。

5. 密植结构

蚕豆种植规格的设计是影响光合效率以及获得高产的关键。

行株距大小要根据地区气候特点、土壤肥力水平、茬口类型和品种特性等决定。一般情况下，每亩 4 500～7 000 穴，每穴 2 粒，大粒型品种可适当降低密度，株行距可采用（100～110）厘米×（25～30）厘米，或（120～125）厘米×（25～27）厘米。用种量根据种子大小按播种规格计算。

6. 施肥

蚕豆的施肥应掌握"重施基肥、增施磷肥、看苗施氮、分次追肥"的原则。整地时已施入足量农家肥和磷肥的地块，在苗期追施钾肥即可（在豆苗 2.5～3 蘖叶期每亩施硫酸钾 10～15 千克，不施或慎施氮素肥料）。整地时未施入足量基肥的地块，苗期可每亩追施三元（N：P：K＝15：15：15）含硫复合肥 20 千克。在开花结荚期，还可根外追施钼、硼肥（0.05％浓度，在始花期、盛花期各喷 1 次），可以获得良好的增产效果。

7. 排水灌水

维持出苗期、花荚期排灌水良好的状态是十分重要的。在这两个重要的需水时期，如果供水过多或供水不足，都会严重影响产量。

8. 病虫害防治

全生育期间的根茎病害及生育中后期的叶斑病（赤斑病、褐斑病）是常发病，应注意监测，及时防治。

9. 采收

收鲜荚，以豆荚充分鼓粒、荚色保持青绿为最佳采收期。此时荚面微凸或荚背筋刚明显褐变，种子已肥大，但种皮尚未硬化时收获，分 2～4 次收获。

三、蚕豆种苗（芽）的春化促早栽培技术

（一）种芽春化处理法

1. 种子精选及处理

精选大小一致、豆粒大、无虫蛀、无病斑、无破损、籽粒饱

满的种子，播种前晒种 1～2 天。用钼酸铵和杀菌剂浸种或拌种。购买种子公司生产包装的标准化包衣种子不需要进行种子处理。

2. 品种选择

一般在 8 月上中旬进行春化处理，开花结荚、收获期遇冬季低温，应选择冬性较强的品种，宜选择通蚕系列以及传统地方品种（海门大青皮、慈溪大白蚕、陵西一寸）。

3. 浸种催芽

一般 8 月上中旬在常温下浸种 12～24 小时（根据室温高低不同而异，温度高则浸种时间短），将浸泡充分的种子装在竹筐中，在清水中冲洗干净后，盖上棉布并在室温下催芽。若室温高于 25℃，则应在光照培养箱内催芽或是延迟催芽。3 天后，当大部分种子露白时，开始进行春化处理。

4. 春化处理

将豆芽在 2～4℃低温环境中进行 20 天左右处理，采用 16 小时光照/8 小时黑暗处理，保持湿润。将低温处理后的豆芽置于室温环境下炼芽 1～2 天。

5. 移栽

选择轮作 3 年以上没有种过豆科作物的大棚。移栽前半个月整地，每亩施 2～3 吨农家肥和 30 千克过磷酸钙，若前茬为蔬菜，可不施基肥，之后根据前作和间作、套种情况进行翻耕或旋耕，开沟作畦、起垄，畦宽和沟深根据地块的给排水条件和间作、套种种植结构而定，一般 8 米标准大棚作 3 畦，每畦种植 2 行，行距 0.8 米，穴距 0.4 米，每穴 1 株，密度为每亩 1 200～1 800 株。播种时蚕豆芽朝下，边播种边浇水，再盖土 1 厘米。秋季土壤干燥，及时灌水，保持土壤湿润。直至幼苗出土，同时在行间播种备苗，以防缺苗。

（二）蚕豆苗春化处理法

1. 培育蚕豆苗

将蚕豆种子用 50%多菌灵可湿性粉剂 500 倍液浸种 6～24

小时，待种子吸足水分后平铺在育苗盘中（也可在沙盘中进行），覆盖泥炭：蛭石＝10：1的混合基质，并用薄膜覆盖保湿催芽，搭建遮阳网。当蚕豆苗植株高5～6厘米、具2片子叶、主根上有白色须根时，将芽苗从苗床移出。

2. 蚕豆苗春化处理

将蚕豆苗放于塑料筐内，套上薄膜袋保湿，移到0～15℃温度段的人工气候培养箱中，放置10～20天，温度由高—低—高模拟冬季自然状态进行春化处理。

3. 移栽

用50千克磷肥作为基肥条施（蔬菜地可不用施基肥），将春化处理后的蚕豆苗种植到大棚内，边种边浇定根水，确保成活；密度随季节改变而变化，8—9月移栽密度为每亩1 200～1 700株，10—11月移栽密度为每亩3 000～3 500株；移栽时最高气温高于25℃时，大棚需盖遮阳网降温。

（三）人工春化处理蚕豆特征特性

蚕豆人工春化处理在立秋（8月8日左右）至寒露（10月8日左右）进行，鲜蚕豆荚最早采摘时间为元旦至春节，至4月底露天蚕豆上市前结束。蚕豆人工春化处理后，花芽分化提早、结荚部位降低，呈现边开花、边分枝的特点，分枝丛生，12月底所有分枝全部开花。结荚率提高，单个分枝结荚最多达6～10荚。平均始花叶位6.15片叶，始花枝高11.05厘米，叶间距不足2厘米，植株紧凑，花团锦簇。到12月20日调查，最高分枝长26.4厘米（已打顶），单株结12.4荚，平均每分枝结1.3荚。蚕豆属于自花授粉作物，冬季覆盖双层薄膜后，应注意防止棚温过高、分枝过密导致结荚稀少甚至不结荚。

蚕豆经过春化处理后，开花结荚时间提前到11月，并且边开花、边分枝，结荚时间长达5个月，进而产量提高。尽管生殖生长提前、植株偏矮、结荚数增加，自身根瘤菌固氮量仍能满足蚕豆荚膨大的养料需求，整个生育期只需喷施叶面肥。

(四) 秋季管理

1. 浇水

蚕豆种植后正值秋季气候干燥时期，要及时浇水，促进植株分枝及生长，为花芽分化提供所需要的水分。

2. 主茎打顶

蚕豆主茎不结荚，在分枝后期退化，当主茎株高 7～8 厘米、3 叶 1 心、移栽 1 周左右后打顶，以促分枝。

3. 盖膜

10 月下旬气温下降至 15℃时，及时盖上 1.2 米宽的黑地膜，并在行间地膜下铺滴灌。黑膜能保持土壤湿润、凉爽，防止杂草滋生及灌溉水溅到花器官上。若 9 月 29 日移栽蚕豆，1 个月后就能开花。

4. 及时灌水

11 月上旬开花时，遇晴天应及时灌水，保持土壤湿润、降低地温，有利于结荚。结荚后及时采用滴灌灌水，提高结荚率、促进豆荚膨大。苗期、花荚期分别喷施 0.1% 钼酸铵和硼酸钠溶液，增强根瘤菌固氮、提高结荚率。

5. 病虫害防治

秋季蚕豆易发蚜虫，诱发病毒病；苗期高温易发生青枯病死苗。喷药时注意避开开花时间，以免影响授粉结荚。

6. 防徒长

秋季高温徒长易导致落花落荚，观察叶位间距调控温湿度，防止植株徒长，苗期可用 10% 多效唑可湿性粉剂 500～1 000 倍液喷雾 1 次，开花结荚期慎用多效唑调控，防止蚕豆荚畸形。

(五) 冬季大棚管理

1. 大棚盖膜

开花结荚期最适温度为 16～20℃。蚕豆经过春化处理后，抗低温能力减弱，开花结荚期注意防冻。11 月中旬，昼夜温差大，当最低气温低于 12℃时，大棚内先搭建内棚，覆盖内棚膜，昼揭夜盖，防止夜间"暗霜"；12月上旬，当最低气温降低至0～2℃，及时覆盖大棚膜，围上裙膜，关棚保温，保持棚内温度在15℃以上，确保蚕豆荚膨大，防止"僵荚"，降低产量；中午前后3小时棚温升高时，开棚通风；翌年3月最低温度超过10℃时，逐步拆除内棚、裙膜通风；当最高温度超过30℃，及时开棚通风降温，防止高温逼熟、植株早衰。

2. 整枝打顶

分枝下部有1～2个豆荚1～2厘米、株高30～40厘米时，选择晴天摘心打顶，控制株高，提高结荚率，确保营养集中供应蚕豆荚膨大；对于分枝过密的植株，适时剪除基部老叶及过多分枝，每株留10个分枝，每亩留1.3万个分枝。春节前采摘完蚕豆荚的分枝应及时剪除，确保田间通风透光。

3. 及时灌水

蚕豆荚膨大期，急需水分供应，根据土壤墒情，采用膜下滴灌方式进行灌水，可经常保持土壤湿润状态，促使蚕豆荚膨大。

4. 采摘

春节期间可采摘上市，在豆粒足够大、蚕豆脐眼转黑前采摘，均可作为鲜食蚕豆。及时剪除鲜蚕豆荚采摘完的分枝，减少养料消耗，有利于不断形成新的有效分枝；4月底露地蚕豆大量上市时，价格下跌，结束整个大棚蚕豆采摘与管理，尽快间套作其他高效瓜果蔬菜、鲜食玉米等作物。

第四章
蚕豆机械化生产装备

第一节　概　况

蚕豆作为食用豆类作物，种植历史悠久，因其产量高、商品价值好，备受种植户以及消费者青睐。但随着现代农业的发展和土地新型经营主体的兴起，传统人工生产模式存在生产效率低、人力成本高等缺点，已无法满足新时代的要求。因此，实现蚕豆机械化生产需求迫切。

蚕豆机械化生产主要包括机械耕整地、机械播种、机械田间管理、机械收获及后续的秸秆处理。目前，专门针对蚕豆研发的生产机械不多，耕整地及田间管理因所使用机械具有通用性，机械化水平较高；播种、收获及秸秆处理因作物性状及要求不同，机械化水平较低，还存在薄弱环节和技术瓶颈。播种机械大多套用大豆、玉米播种机，因蚕豆种子形状不规则，结合适用的农艺要求，可研制专门的蚕豆播种机。收获机械目前多使用稻麦、大豆联合收获机，因蚕豆有蔓生品种和半蔓生品种，去掉支架后植株离地较近且不直立等技术难题，蚕豆联合收获机研究水平较低。因蚕豆秸秆较软，在机械秸秆处理中防缠绕及切碎功能还有待研究和提升。

为全面实施蚕豆机械化生产，可以将蚕豆整合到现代农业生产系统中，构建科学合理的种植体系。在减轻农民劳动强度的同时，提高生产效率和作业质量，推动蚕豆规模化、专业化和标准化生产，助推乡村全面振兴。

第二节　耕整地机械

耕整地机械化作业是蚕豆机械化生产的重要环节和基础环节，可为后续机械化播种、田间管理、收获等作业环节做好准备。耕整地是对土地进行耕翻、修整、松土、混合土肥等作业，是改善播种和种子发芽条件的有效措施，可为作物的生长发育创造良好的条件。蚕豆耕整地主要包括深翻深松、撒施基肥、旋耕起垄等作业环节，机械主要包括深翻机械、深松机械、基肥撒施机械、旋耕机械和起垄机械。

一、深翻机械

蚕豆生长需要一定的耕作深度，一般要求土层深度保持在50厘米以上，熟土层保持在20~25厘米为宜。深翻是将上下土层进行翻转，一般采用翻转犁进行作业，可加深耕层，打破犁底层，清除残茬杂草，消灭寄生在土壤中或残茬上的病虫害，达到疏松熟化土壤、提高肥力的效果。

1. 总体结构和工作原理

翻转犁一般由悬挂机构、翻转机构、犁体、限深轮、犁柱、犁架等组成，其结构示意图如图 4-1 所示。翻转犁在犁架上安装两组左右对称翻垡相反的犁体，在翻转机构的带动下犁体会跟随犁架交替翻转，在进行田间作业时，通过调节限深轮的高度就可以改变稳定运动时犁的耕深；翻耕完单向行程时，利用悬挂机构对犁架的高度进行提升，利用翻转机构更换另一方向的铧犁进行后续工作，完成返程作业。

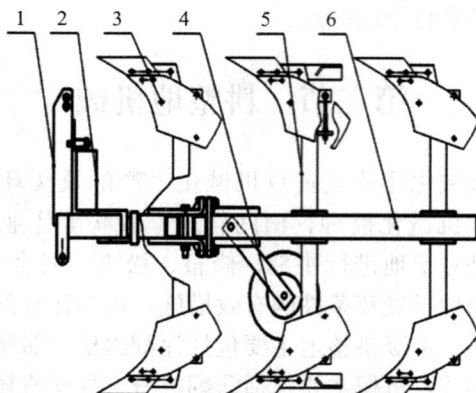

图 4-1　翻转犁结构示意图

1. 悬挂机构　2. 翻转机构　3. 犁体　4. 限深轮　5. 犁柱　6. 犁架

2. 典型机具

	东方红 1LF-430 翻转犁
犁体间距（厘米）	105
犁架高度（厘米）	80
作业深度（厘米）	35
配套动力（千瓦）	117.6～147.1
外形尺寸（长×宽×高，毫米）	4 400×2 250×1 750

二、深松机械

　　蚕豆长期种植后，由于浅耕和大量施用化肥、农药形成了较厚的犁底层，土壤板结，土壤的蓄水保墒能力、通风透气性能变差，需要间断性地进行深松作业。深松是疏松土层而不翻转土层，保持原土层不乱的一种土壤耕作方法。一般中耕深松深度为20～30 厘米，对土壤进行疏松，可打破犁底层，改善土壤结构，提高土壤透气性，减少地表水分径流，增强土壤深层蓄水保墒能力，为作物生长提供一个良好的土壤环境。深松机按照深松铲的结构形式分为凿铲式、翼铲式、振动铲式、弧面倒梯形铲式深松机，本部分以凿铲式深松机为例进行介绍。

1. 总体结构和工作原理

凿铲式深松机主要由铲固定装置、机架、悬挂装置、限深轮等组成，结构示意图如图4-2所示。在深松作业时，深松机通过悬挂装置与拖拉机相连，通过拖拉机的牵引进行深松作业。深松铲通过铲固定装置与机架紧固连接。拖拉机对深松机的牵引力通过机架传递到深松铲上，转化为深松铲切削土壤的力，从而破坏土壤的黏结力，改善土壤耕层结构，实现土地的深松作业。限深轮的作用是控制入土深度，保证深松的深度。

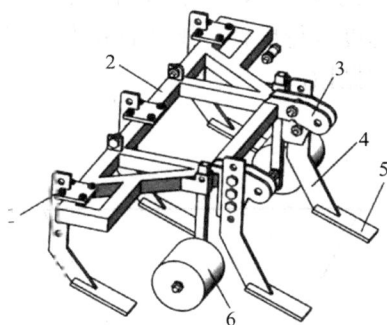

图4-2　凿铲式深松机结构示意图

1. 铲固定装置　2. 机架　3. 悬挂装置　4. 铲柄　5. 铲尖　6. 限深轮

2. 典型机具

神农1S-180型凿铲式深松机

作业幅宽（厘米）	180
深松深度（厘米）	30
配套动力（千瓦）	66.2～88.2
生产率（公顷/时）	0.25～0.38

三、基肥撒施机械

蚕豆在播种前需要施足基肥，一般在整地前将基肥施入田间，以满足种植需要。根据蚕豆施肥技术，基肥以有机肥、氮磷钾肥或复合肥为主，一般为固态肥料，常用的基肥撒施机械主要有离心圆盘式撒肥机和螺旋式有机肥撒施机。

（一）离心圆盘式撒肥机

1. 总体结构与工作原理

离心圆盘式撒肥机一般由肥料斗、搅拌器、撒肥量调节装置、撒肥盘、撒肥驱动装置、机架等组成，结构示意图如图4-3所示。田间作业时，肥料在肥料斗中依靠自重向下落，经过搅拌器时，结块的固态肥料被充分打散，再下落到撒肥盘上，撒肥盘根据行驶速度以相应的速度进行旋转，肥料颗粒在撒肥盘上由旋转引起的离心力向外均匀抛撒。

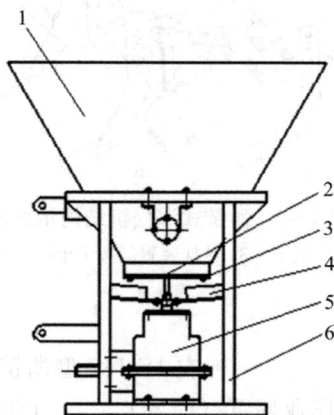

图4-3 离心圆盘式撒肥机结构示意图

1. 肥料斗 2. 搅拌器 3. 撒肥量调节装置
4. 撒肥盘 5. 撒肥驱动装置 6. 机架

2. 典型机具

天盛 2FGB-1Y 撒肥机

配套动力（千瓦）	36.8～66.2
容积（米³）	1
抛撒幅宽（米）	6～12
外形尺寸（长×宽×高，毫米）	1 350×1 450×1 580

（二）螺旋式有机肥撒施机

1. 总体结构与工作原理

螺旋式有机肥撒施机主要由牵引装置、固定板、机架、肥箱、液压杆、转板销、地轮、螺旋抛撒装置等组成，结构示意图如图 4-4 所示。工作时，首先将有机肥运装到撒肥机肥箱内部，肥箱内以传送带不断将肥料向箱体末端运送，直到与螺旋抛撒装置的抛撒辊接触，抛撒辊将块状肥料打碎，均匀抛撒出去，从而完成撒肥过程。

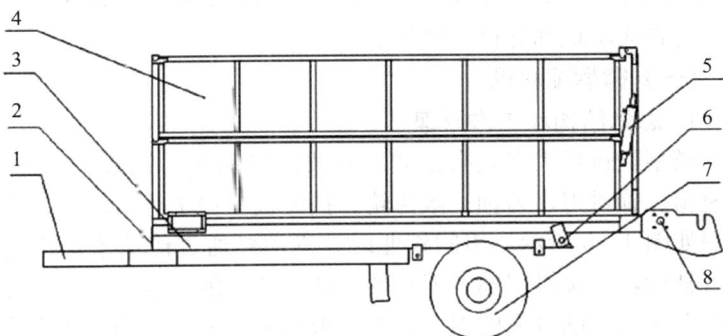

图 4-4　螺旋式有机肥撒施机结构示意图
1. 牵引装置　2. 固定板　3. 机架　4. 肥箱　5. 液压杆
6. 转板销　7. 地轮　8. 螺旋抛撒装置

2. 典型机具

世达尔 TMS10700 撒肥机

最大装卸容量（米³）	10.7
撒播宽度（米）	5
配套动力（千瓦）	58.8～92.0
重量（千克）	2 800
外形尺寸（长×宽×高，毫米）	7 250×2 900×2 400

四、旋耕机械

蚕豆起垄播种之前一般先进行表面土层旋耕破碎作业，将残茬清除并将化肥、农药等混施于耕作层，达到碎土平地的目的，为后续起垄作业做好准备。旋耕机按刀轴的配置方式可分为卧式、立式和斜置式，目前卧式旋耕机使用较为普遍，常用的有微型旋耕机和悬挂式旋耕机。两种机械可根据不同地块规模因地制宜进行选择，微型旋耕机结构紧凑灵活，效率相对较低，适合小地块和简易棚作业；悬挂式旋耕机需由拖拉机带动，作业效率较高，适合大块地和连栋大棚作业。

（一）微型旋耕机

1. 总体结构和工作原理

微型旋耕机大多是自走式，主要由发动机、机架、行走轮、变速箱、旋耕刀、刀轴、限深轮、挡泥板、扶手等组成，结构示意图如图 4-5 所示。田间作业时，发动机通过传动系统驱动旋耕刀轴旋转，旋耕刀随着刀轴的转动不断切削土壤，由于刀片特有的形状和切削带来的惯性，土壤被向后抛掷，与挡泥板相撞细碎然后落回地面，达到了切土、抛土、碎土、松土及平地的目的。

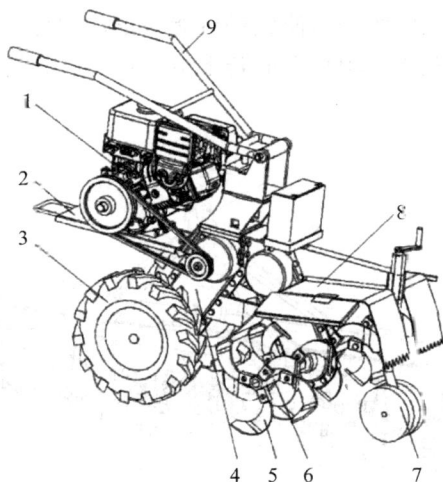

图 4-5 微型旋耕机结构示意图
1. 发动机 2. 机架 3. 行走轮 4. 变速箱 5. 旋耕刀
6. 刀轴 7. 限深轮 8. 挡泥板 9. 扶手

2. 典型机具

新牛 1WGQ4.0B 微耕机	
额定功率（千瓦）	4
额定转速（转/分）	3 600
重量（千克）	85
耕深（厘米）	≥10
外形尺寸（长×宽×高，毫米）	1 400×750×850

（二）悬挂式旋耕机

1. 总体结构和工作原理

悬挂式旋耕机主要由机架、刀辊轴、接盘、刀片、变速箱、中间犁、悬架、输入轴组成，结构示意图如图 4-6 所示。悬挂式旋耕机通常与拖拉机组合使用，通过悬架悬挂于拖拉机上，并由输入轴作为主要驱动力使旋耕机能够正常运行。工作时，刀辊轴旋转带动设置于刀辊轴上的若干组刀片一起旋转，从而实现对土地旋耕。

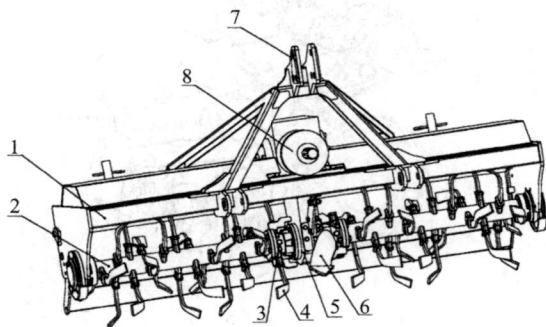

图 4-6　悬挂式旋耕机结构示意图

1. 机架　2. 刀辊轴　3. 接盘　4. 刀片　5. 变速箱
6. 中间犁　7. 悬架　8. 输入轴

2. 典型机具

农哈哈 1GQN-200B 旋耕机	
耕幅（厘米）	200
耕深（厘米）	12～16
配套功率（千瓦）	51.5～73.5
整机质量（千克）	450
外形尺寸（长×宽×高，毫米）	2 280×1 300×1 280

五、起垄机械

南方种植蚕豆因降水多，田块须进行起垄作业，便于排灌，防旱除涝；起垄还可有效满足苗床育苗和大田播种对垄面平整度、垄面土壤细度的要求；更可以改善土壤团粒结构，增厚活土层，促使根系下扎，增加固氮，进而增加产量，改善质量，实现丰产和丰收。目前，起垄机按照配套动力可分为手扶式起垄机和悬挂式起垄机，可根据蚕豆的种植模式和种植规模合理选择。

（一）手扶式起垄机

1. 总体结构和工作原理

手扶式起垄机主要由扶手总成、齿轮箱、覆膜机构、覆土轮、整形板组件、安装板、起垄刀组、驱动轮、发动机等组成，结构示意图如图4-7所示。起垄的主要过程是旋耕、抛土、拢土、修垄成型，起垄机工作时，发动机提供动力传输给起垄刀辊，使起垄刀组沿着前进方向旋转，随着刀辊的旋转，土壤在两侧起垄刀的切力作用下碎化，同时经碎化的土壤在起垄刀的螺旋推力作用下往刀辊轴向中部输送堆积，最后在整形板的作用下形成完整的垄形。

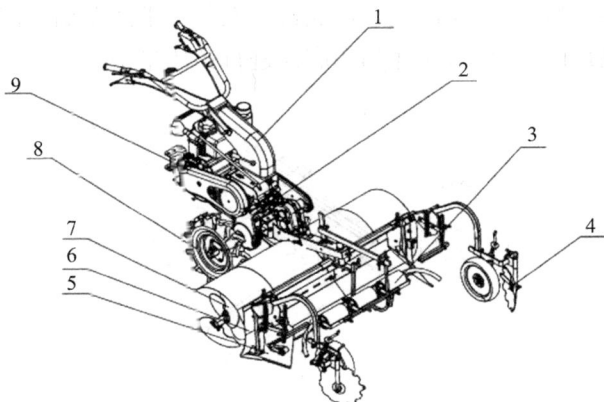

图4-7 手扶式起垄机结构示意图

1. 扶手总成 2. 齿轮箱 3. 覆膜机构 4. 覆土轮 5. 整形板组件 6. 安装板
7. 起垄刀组 8. 驱动轮 9. 发动机

2. 典型机具

悦田 YT10-A 起垄机

起垄高度（厘米）	10～20
垄面宽度（厘米）	45～100
最大输出功率（千瓦）	7.4
外形尺寸（长×宽×高，毫米）	1 630×700×1 200

（二）悬挂式起垄机

1. 总体结构和工作原理

悬挂式起垄机主要由变速箱、悬挂组件、旋耕装置、安装架、开沟部件、起垄装置、链轮等组成，结构示意图如图 4 - 8 所示。悬挂式起垄机的悬挂组件和拖拉机的悬挂臂连接，拖拉机的输出轴和起垄机变速箱的输入轴用万向连接轴连接锁定，实现变速并转换动力方向，通过传动链轮箱的传动装置将动力输出并传到旋耕刀轴，刀轴带动旋耕刀对土壤进行旋耕碎土作业，起垄装置转动过程中挤压泥土，形成符合农艺要求的垄面。同时，作业时通过开沟部件对垄底和沟底面进行镇压平整。

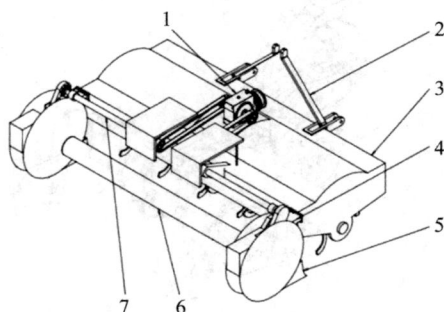

图 4 - 8 悬挂式起垄机结构示意图

1. 变速箱 2. 悬挂组件 3. 旋耕装置 4. 安装架

5. 开沟部件 6. 起垄装置 7. 链轮

2. 典型机具

成帆 1ZKNP-140 起垄机

起垄高度（厘米）	10～25
垄顶宽（厘米）	80～110
垄距（厘米）	160～170
配套动力（千瓦）	40.0～69.8
外形尺寸（长×宽×高，毫米）	2 200×1 750×1 300

第三节　播种机械

播种是蚕豆生产最重要的环节之一，蚕豆播种深度以 3～7 厘米为宜，每穴 1～2 粒。播种机是进行播种作业的机具，通过适时正确的播种作业，可提高播种质量，保证种子按时按质发芽和出苗，对农业能否实现增产丰收有着直接的影响。按照播种机排种器的原理来分，可将其分为机械式播种机与气力式播种机两大类。除常规的播种机外，近年来，免耕播种机在我国也广泛应用于作物的播种作业，其使用量逐年增多。

一、机械式播种机

机械式播种机的排种器属于传统的排种器，按技术特点可分为外槽轮式、窝眼轮式、水平圆盘式等类型，机械式播种机利用排种器上的孔采获取种子，并将其输送到指定位置排放。机械式播种机通常配套中小功率拖拉机进行作业，能完成开沟、播种、施肥、覆土镇压等农艺要求，适用于播种豆类作物。

1. 总体结构与工作原理

机械式播种机一般由限深轮、机架、悬挂架、肥箱、种箱、镇压轮、传动链条、排种器、覆土器和开沟器等组成，其结构示意图如图 4-9 所示。工作时，播种机通过悬挂架连接到拖拉机后端，由拖拉机带动播种机前行；排肥器将肥料施在肥沟中实现深层分层施肥，排种器将种箱的种子经过开沟器均匀地排入种沟，并通过覆土器将种子和肥料覆盖起来；镇压轮将播完的种肥进行仿形镇压，确保播种后的保水保墒。

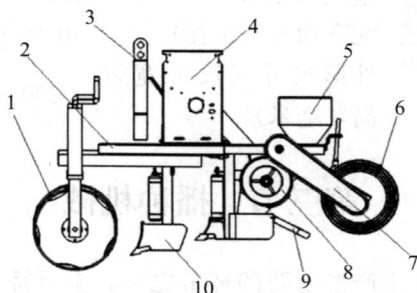

图 4 - 9　机械式播种机结构示意图
1. 限深轮　2. 机架　3. 悬挂架　4. 肥箱　5. 种箱　6. 镇压轮
7. 传动链条　8. 排种器　9. 覆土器　10. 开沟器

2. 典型机具

东方红 2BMYJ-4 播种机

配套动力（千瓦）	73.5～95.6
播种深度（厘米）	3～5
工作效率（公顷/时）	0.4～0.6
外形尺寸（长×宽×高，毫米）	2 300×2 440×1 270

二、气力式播种机

气力式播种机是一种精密播种设备，多应用于高效率、高速的播种环境，作业时需要与中大功率拖拉机配套使用，按取种原理可分为气吸式、气压式、气吹式 3 类。气力式播种机利用气流将种子从播种机内的种子储藏区吸出，与传统机械式播种机相比，具有节省种子、不伤种苗、通用性强、能实现高速作业等优点。

1. 总体结构与工作原理

气力式播种机一般由种划印器、开沟器、排肥装置、种箱、排种器、风机、地轮等组成，其结构示意图如图 4-10 所示。作业时，在开沟器开出种沟的同时，利用风机产生的负压力实现种子吸取和排放。排种器一侧与种箱连接，另一侧与风机负压管道相连，种子吸附后在负压力的作用下实现种子输送，到达排种位置负压力消失，种子被排放，然后在种沟的位置进行播种，种子进入种沟后被后方的地轮进行土壤覆盖，同时表层土壤被压实。

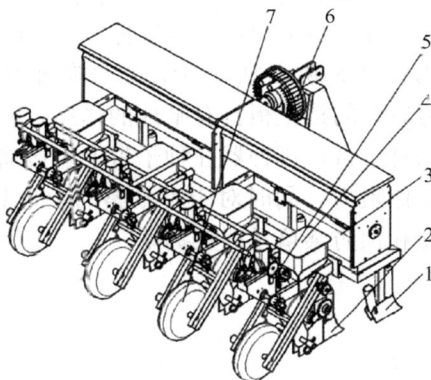

图 4-10　气力式播种机结构示意图

1. 种划印器　2. 开沟器　3. 排肥装置　4. 种箱　5. 排种器　6. 风机　7. 地轮

2. 典型机具

顺源 2BMQ-4 气吸式播种机

配套动力（千瓦）	29.4～40.4
播种深度（厘米）	3～8
工作效率（亩/时）	26～39
外形尺寸（长×宽×高，毫米）	3 100×2 500×1 715

三、免耕播种机

免耕播种是指在作物收获后不经旋耕、深耕等耕作直接播种，免耕播种技术有利于土壤有机质积累和团粒结构恢复，减少土壤破坏和土地资源浪费，同时能够提高种植效率、降低劳动强度和减少农药、化肥的使用，是实现农业可持续发展的重要手段。

1. 总体结构与工作原理

免耕播种机由机架、挡土板、行走轮、变速箱、种箱、排种器、镇压轮、旋耕刀轴、旋耕刀和刀盘等组成，结构示意图如图 4 - 11 所示。播种机与拖拉机三点悬挂，工作时动力输出轴经过变速箱将动力传到旋耕刀轴，刀轴带动旋耕刀完成破茬、旋耕，位于旋耕刀后面的挡土板具有平地的作用，并在茬地上开出一条用于播种的种子带，排种器在种子带上直接播种。行走轮可以减小整机的工作阻力，同时对于不平整的土地具有仿形作用，可提高作业速度和预防杂草及残茬拥堵。

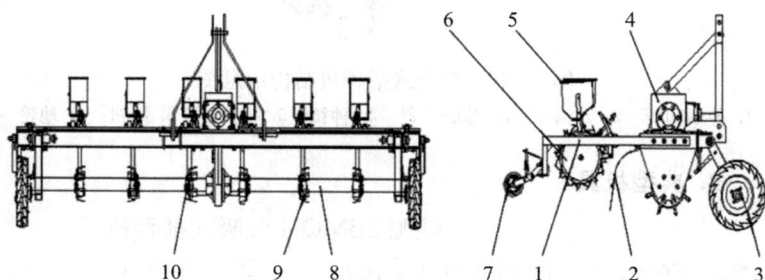

图 4 - 11　免耕播种机结构示意图

1. 机架　2. 挡土板　3. 行走轮　4. 变速箱　5. 种箱　6. 排种器　7. 镇压轮
8. 旋耕刀轴　9. 旋耕刀　10. 刀盘

2. 典型机具

众荣 2BM-6 免耕播种机

配套动力（千瓦）　　　66.2～80.9

播种深度（厘米）　　　0～8

施肥深度（厘米）　　　0～18

外形尺寸（长×宽×高，毫米）　　4 200×2 000×1 500

第四节　田间管理机械

田间管理是蚕豆生产的重要环节，采用机械化作业不仅可以提高田间管理效率，节省大量人力和物力，还可以保证作物的生长和发育。蚕豆田间管理主要包括追肥、除草、病虫防治等作业环节，涉及相关的机械主要包括施肥机械、中耕除草机械和植保机械。

一、施肥机械

施肥是蚕豆生长过程中必不可少的一项工作，可以提高土壤肥力，最大限度地保证蚕豆在不同的生长时期对于养分的不同需求，科学追肥可促进蚕豆正常生长和发育。目前，追肥采用施入根侧地表以下和根外施肥（叶面肥）方式，一般采用手扶式微型施肥机、中耕施肥机和喷雾机，现有机型基本能满足作业要求。

（一）手扶式微型施肥机

1. 总体结构与工作原理

手扶式微型施肥机一般由机架、扶手、肥料箱、发动机、行走轮、施肥犁刀、肥料管、开沟刀、限深轮等组成，结构示意图如图 4-12 所示。工作时，发动机将动力传递给行走装置及排肥装置，使机具以一定的作业速度前进，并驱动排肥装置实现排肥，同时可以根据扶手的调速转把调控转速大小，从而调节排肥量，肥料通过肥料管和开沟刀均匀地施在作物根须附近，完成施肥作业。

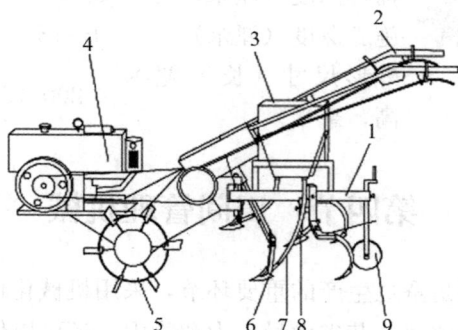

图 4-12 手扶式微型施肥机结构示意图

1. 机架 2. 扶手 3. 肥料箱 4. 发动机 5. 行走轮
6. 施肥犁刀 7. 肥料管 8. 开沟刀 9. 限深轮

2. 典型机具

春耕 170 微型施肥机

配套动力（千瓦）	5.5
耕深（毫米）	60
耕宽（毫米）	460
外形尺寸（长×宽×高，毫米）	1 500×745×900

（二）中耕施肥机

1. 总体结构与工作原理

中耕施肥机一般由覆土器、施肥开沟器、施肥开沟器支架、排肥器、肥箱、三点悬挂装置、机架和地轮等组成，结构示意图如图 4-13 所示。工作时，中耕施肥机通过三点悬挂装置连接到拖拉机后端，拖拉机带动中耕施肥机前进，地轮通过与地面的摩擦力转动带动排肥器，肥料通过肥管施在之前施肥开沟器开在根侧的沟里，最后进行覆土，完成中耕施肥作业。

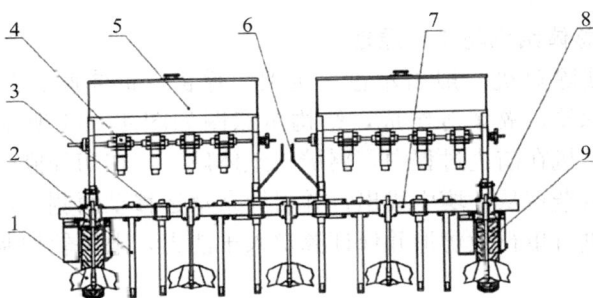

图 4 - 13 中耕施肥机结构示意图

1. 覆土器 2. 施肥开沟器 3. 施肥开沟器支架一 4. 排肥器 5. 肥箱
6. 三点悬挂装置 7. 机架 8. 施肥开沟器支架二 9. 地轮

2. 典型机具

布谷 3ZF-6 中耕施肥机

配套动力（千瓦）	40～73
单个肥箱容量（升）	70
工作深度（毫米）	30～120
作业速度（千米/时）	7～10
外形尺寸（长×宽×高，毫米）	4 600×1 730×350

（三）喷雾机

常用的喷雾机有背负式喷雾机、喷杆式喷雾机、担架式喷雾机、电动喷雾机等。

二、中耕除草机械

如果田间杂草过多，将会影响蚕豆的正常生长和发育。机械化除草可以采用除草机、旋耕机等，对于一些难以清除的杂草，可以采用喷药的方式进行除草。目前，除草机大多为中耕除草机，工作部件多为单翼铲或者双翼铲。

1. 总体结构与工作原理

中耕除草机一般由犁盘、机架、弹簧、铲体座、深度调节器、限深轮、翼铲等组成，结构示意图如图4-14所示。作业时，拖拉机在前进过程中，翼铲将土体破开，在切开撕裂土壤的同时，将杂草从土壤中拔出，并引导杂草运移至两侧。可调弹簧对翼铲进行单行微仿形并保证翼铲入土能力，限深轮控制翼铲入土深度。

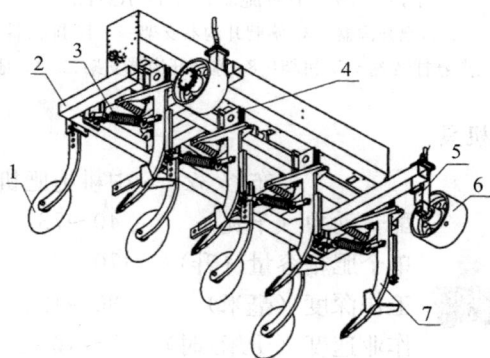

图4-14　中耕除草机结构示意图

1. 犁盘　2. 机架　3. 弹簧　4. 铲体座　5. 深度调节器
6. 限深轮　7. 翼铲

2. 典型机具

比利时 AVR BVBA 除草机

作业宽度（厘米）	300～360
重量（千克）	890
配套动力（千瓦）	52

三、植保机械

蚕豆病虫害种类多，发生最普遍的有锈病、白粉病、病毒病、褐斑病、蚜虫、夜蛾类害虫等，在南方和降水多的年份常引发流行。目前，农作物病虫害的防治方法很多，如化学防治、生物防治、物理防治等，化学防治是农民使用最主要的防治方法。植保机械能将一定量的农药均匀地喷洒在目标作物上，可以快速地达到防治和控制病虫害的目的。目前，常用的植保机械有背负式喷雾机、喷杆式喷雾机和植保无人机等。

（一）背负式喷雾机

1. 总体机构与工作原理

背负式喷雾机一般由机架、风机、汽油机、水泵、油箱、药箱、操纵部件、喷洒部件、起动器等组成，喷雾性能好，适用性强，结构示意图如图4-15所示。工作时，汽油机带动风机叶轮旋转产生高速气流，在风机出口处形成一定的压力，其中大部分高速气流经风机出口流入喷管，少量气流经风机一侧的出口流经药箱上的通孔进入进气管，使药箱内形成一定的压力，药液在压力的作用下经输液管调量阀进入喷嘴，从喷嘴周围流出的药液被喷管内的高速气流冲击形成雾粒喷洒出去，完成作业。

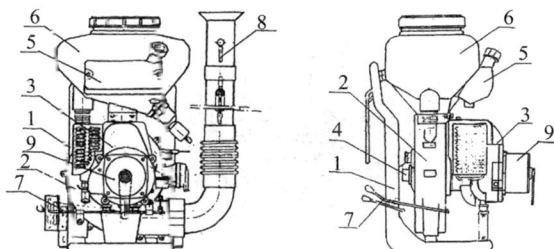

图4-15 背负式喷雾机结构示意图

1. 机架 2. 风机 3. 汽油机 4. 水泵 5. 油箱 6. 药箱
7. 操纵部件 8. 喷洒部件 9. 起动器

2. 典型机具

永佳3W-700J背负式喷雾机

配套动力（千瓦）	2.2
药箱容积（升）	20
射程（米）	≥16
耗油率（克）	554
外形尺寸（长×宽×高，毫米）	500×440×780

（二）喷杆式喷雾机

1. 总体结构与工作原理

喷杆式喷雾机一般由行走动力底盘、轮距可调系统、转向系统、药箱、喷杆升降系统、喷杆折叠系统和驾驶室等组成，作业效率高，喷洒质量好，广泛用于大田作物病虫害防治，结构示意图如图4-16所示。工作时，发动机驱动液压泵，液压泵驱动行走马达使喷雾机前行和后退；喷杆在调节机构作用下可以实现喷杆升降、折叠、展收等动作；发动机带动液泵转动，药液从药箱中吸出并以一定的压力，经分配阀输送给搅拌装置和各路喷杆上的喷头，药液通过喷头形成雾状后喷洒。

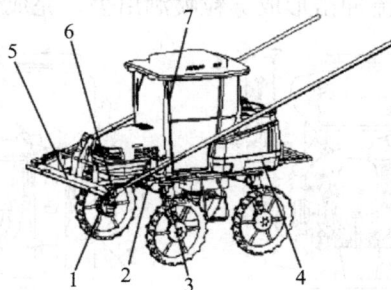

图4-16 喷杆式喷雾机结构示意图

1. 行走动力底盘　2. 轮距可调系统　3. 转向系统　4. 药箱
5. 喷杆升降系统　6. 喷杆折叠系统　7. 驾驶室

2. 典型机具

勇力 3WPZ-500 喷杆式喷雾机

配套动力（千瓦）	18
药箱容积（升）	500
喷洒幅度（米）	10
离地间隙（毫米）	710
外形尺寸（长×宽×高，毫米）	4 150×1 650×1 980

（三）植保无人机

1. 总体结构和工作原理

植保无人机一般由机架、药箱、喷头、电机、螺旋桨、控制系统等组成，结构示意图如图 4-17 所示。工作时，操作人员操控无人机飞行到指定作业区域上空或使其自主飞行，打开无线遥控开关，液泵通电运转，将药箱中的药液通过软管输送到喷头喷出；无线遥控开关控制继电器通断，能及时控制液泵的工作状态，从而实现喷洒防治对象，而对其他作物少喷或不喷，合理有效地提高了农药的利用率。植保无人机具有作业效率高、单位面积施药量少、自动化程度高、劳动力成本低、安全性高、快速高效防治、防控效果好、适应性强等优点。

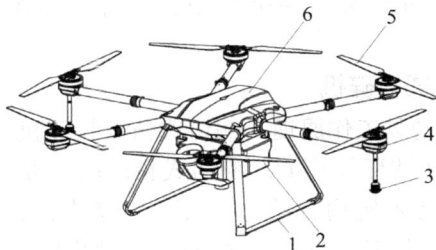

图 4-17 植保无人机结构示意图
1. 机架 2. 药箱 3. 喷头 4. 电机 5. 螺旋桨 6. 控制系统

2. 典型机具

大疆 T30 植保无人机

药箱容积（升）	30
喷洒幅度（米）	4~9
作业飞行速度（米/秒）	7
最大功耗（千瓦）	11
外形尺寸（长×宽×高，毫米）	2 858×2 685×790

第五节　秸秆粉碎机械

蚕豆收获后产生大量秸秆，秸秆焚烧不仅会造成空气污染，还会破坏土壤中的微生物菌群和土壤理化结构，影响地力提升和后续种植作业。因此，有必要开展秸秆资源化利用。秸秆利用方式主要包括基料化、原料化、堆肥发酵处理、燃料化、饲料化及秸秆直接还田，目前以秸秆直接还田和饲料化为主。秸秆直接还田是目前应用最为广泛、处理最为简单的一种秸秆利用方式；饲料化因蚕豆的秸秆蛋白质含量高，且蚕豆秸秆质地较软、适口性好，也是一种较好的秸秆利用方式。大部分秸秆原料在开发利用前都需要进行相应的粉碎处理，根据粉碎方式与粉碎手段的不同，秸秆粉碎机械主要有铡切式粉碎机、锤片式粉碎机、揉切式粉碎机。

（一）铡切式粉碎机

1. 总体结构和工作原理　铡切式秸秆粉碎机具有铡切秸秆、粉碎谷物和揉搓秸秆等功能。铡切式粉碎的主要设备是铡草机，由牵引机构、喂入机构、抛送装置、切碎装置、电机、传动系统、支架和输送装置等组成，结构示意图如图 4-18 所示。工作时，秸秆沿输送装置进入喂入机构，在切碎装置的刀具高速旋转下将秸秆切成段状，随后从抛送装置出口抛出。

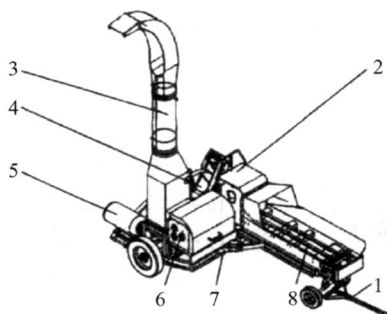

图 4-18　铡草机结构示意图

1. 牵引机构　2. 喂入机构　3. 抛送装置　4. 切碎装置　5. 电机
6. 传动系统　7. 支架　8. 输送装置

2. 典型机具

九信 9ZP-12 型铡草机

切碎长度（毫米）	10～30
生产效率（吨/时）	12～22
配套动力（千瓦）	18.5
外形尺寸（长×宽×高，毫米）	3 150×2 150×4 150

（二）锤片式粉碎机

1. 总体结构和工作原理　锤片式粉碎机主要由电机、粉碎室、自动破碎仓、集粉器、风机等组成，结构示意图如图 4-19 所示。锤片式粉碎机的原理是在机械力的作用下使固体物料发生形变进而破碎。粉碎室主要由锤片及筛片构成，作业时将秸秆喂入粉碎室，锤片在高速旋转状态下不断击打秸秆，然后以较高的速度抛向齿板和筛片，秸秆受到齿板的搓擦作用、筛片的碰撞作用以及物料间的相互碰撞作用而被粉碎。该过程往复进行，直到物料从筛孔漏出为止。

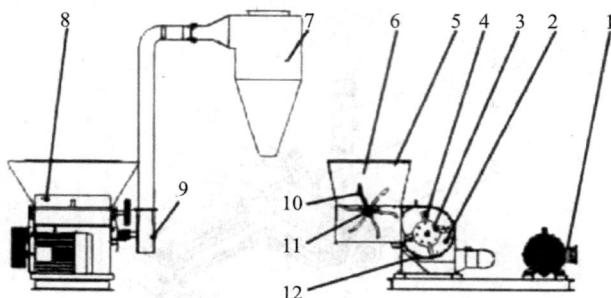

图 4-19 锤片式粉碎机结构示意图

1. 电机 2. 粉碎室 3. 转子盘 4. 锤片 5. 安全挡料板
6. 自动破碎仓 7. 集粉器 8. 进料闸门 9. 风机
10. 拨料齿 11. 轴承及轴承座 12. 筛片

2. 典型机具

圣泰 9FQ420 锤片式粉碎机

锤片数量（片）	16
生产效率（千克/时）	300～700
配套动力（千瓦）	7.5
外形尺寸（长×宽×高，毫米）	1 600×1 800×1 000

（三）揉切式粉碎机

1. 总体结构和工作原理 揉切式粉碎机主要由粉碎装置、压辊、输送装置、机架、动力传动装置等组成，结构示意图如图 4-20 所示。揉切式粉碎机是在锤片式粉碎机的基础上发展而来的，用齿板代替筛片，锤片和齿板同时作用于秸秆，将其揉搓成丝状，作业时先由输送装置内的压辊对秸秆进行挤压，秸秆切断后进入粉碎室，由锤片和筛网配合使秸秆在筛网上多次摩擦直至秸秆达到筛网的孔径，将秸秆揉搓成柔软、蓬松的丝段状，最后由锤片转动产生的气场将秸秆送出粉碎室。

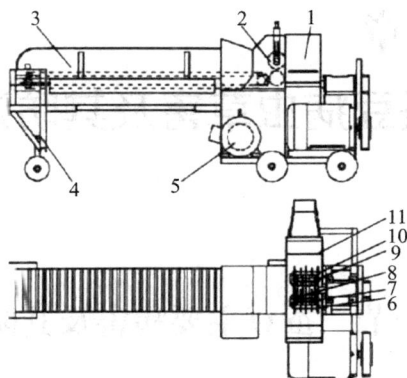

图 4 - 20　揉切式粉碎机结构示意图

1. 粉碎装置　2. 压辊　3. 输送装置　4. 机架　5. 动力传动装置
6. 锤片轴　7. 锤片　8. 切断刀　9. 隔套　10. 锤片架　11. 筛网

2. 典型机具

昆电工 9ZR-4W 秸秆揉丝机

额定转速（转/分）	2 870
生产效率（千克/时）	4 000
配套动力（千瓦）	4
外形尺寸（长×宽×高，毫米）	1 750×515×860

第五章

蚕豆病虫草害及其防治

第一节　蚕豆主要病害及其防治

蚕豆病害种类多，发生较普遍的有锈病、白粉病、病毒病和褐斑病等，在南方地区和降水多的年份常引发流行。

一、蚕豆的主要病害

在大田生产中，病害对蚕豆的影响仅次于干旱，是严重影响蚕豆产量、产值形成的胁迫因素，每年导致产量损失在15%以上，严重发生区域甚至造成大面积减产、绝产。由于对蚕豆病害的研究投入不足，相关研究严重滞后，特别是抗性遗传改良的研究进展远远不能满足大田生产的需要。因此，大田生产在很大程度上依赖管理技术防控。

（一）蚕豆锈病

蚕豆锈病是一种世界性真菌病害，地理分布极为广泛。在我国蚕豆种植区普遍发生，只是危害的程度不同。其中，西南蚕豆种植区，特别是在高海拔、昼夜温差较大的地区，危害最严重。病害常出现在蚕豆生育后期，一般可造成产量损失10%～40%，高的可达70%～80%，甚至绝产。

1. 症状

蚕豆锈病危害叶片、叶柄、茎秆和豆荚，以叶片受害最重。发病初期，在叶的两面形成白色至淡黄色、略隆起的小斑点，即夏孢子堆，直径约 1 毫米。夏孢子堆颜色逐渐加深，变为黄褐色或褐色，病斑扩大和隆起，表皮破裂，释放大量的深褐色夏孢子。夏孢子堆常被一淡黄色晕圈包围。在条件适宜时，老的夏孢子堆周围常常依次形成新的孢子堆，最后形成夏孢子堆同心环。被严重侵染的叶片很快干枯和脱落。茎和叶柄上的夏孢子堆与叶片上的相似但较大，略呈纺锤形。荚上也常常产生一些夏孢子堆。到后期，叶片、叶柄和茎上的夏孢子堆逐渐形成深褐色椭圆形或不规则形突起的疱斑，即冬孢子堆，其表皮破裂后向两面卷曲，散发出黑色的粉末即冬孢子。特别严重的田块，茎叶上就像撒上一层黄褐色的灰。

2. 病原

病原为蚕豆单胞锈菌（*Uromyces viciae-fabae*，异名 *U. fabae*），属于担子菌亚门锈菌目单胞锈菌属真菌。蚕豆锈病病原是全孢型单主寄生的锈菌，在蚕豆上可以产生性孢子器、锈孢子器、夏孢子堆和冬孢子堆。性孢子器小，生于叶面，为橘红色小点，小于 0.2 毫米，往往结集成群，内含大量微小的性孢子，性孢子单胞无色。锈孢子器多生于叶背，长 1～5 毫米，白色或黄色，杯状，稍隆起，腔内含锈孢子，边缘破裂外翻；锈孢子圆形至多角形或椭圆形，具瘤，橙黄色，也结集成群，表面有微刺，大小为（21～27）微米×（17～24）微米。夏孢子堆生于叶的两面、叶柄和茎上，后突破表皮，褐色，直径 0.2～1.0 毫米。夏孢子淡褐色，有刺，球形至椭圆形，大小为（22～33）微米×（16～27）微米，具 3～5 个芽孔。冬孢子堆生于叶的两面、叶柄及茎上，长 1～5 毫米，早期裸露或后期破裂，黑褐色至黑色。冬孢子单胞，亚球形至椭圆形，顶部圆或平，下部稍窄，平滑，褐色，膜厚而光滑，顶部有乳状凸起，大小为（22～42）微米×（15～39）微米。基部有柄，长达 90 微米或更长，黄褐色，不脱落。夏孢子萌发的温度为 2～31℃，最适温度为 16～22℃，夏孢子不耐高温，40℃持续 20 分钟或 38℃持续 30 分钟就丧失发芽能力。夏孢子萌发需要较高的相对湿度，相对湿度低于 80％时，很少萌发或不能萌发，湿度高则萌发率也高。夏孢子在蚕豆叶片内的潜育期为 7～15 天（15～24℃）。在 1℃和 50％相对湿度下，夏孢子生命力可保持 100 天或更长。蚕豆单胞锈菌有生理分化，日本曾按寄主范围分为 3 个生理小种。我国尚未鉴定，生理小种类型和分布还不清楚。除侵染蚕豆外，蚕豆单胞锈菌还侵染小扁豆、豌豆、香豌豆、紫花豌豆、矩叶山野豌豆、三齿萼野豌豆、广布野豌豆、大山黧豆、沼生香豌豆、细叶香豌豆、兵豆、硬毛果野豌豆、救荒野豌豆、野豌豆、歪头菜、长柔毛野豌豆等巢豆属、豌豆属、山黧豆属的一些种以及香豌豆属、野豌豆属。

3. 侵染循环

病原以冬孢子和夏孢子附着在蚕豆病残体上越冬或越夏。南方终年有蚕豆生长的地区，终年有存活的夏孢子，以夏孢子在蚕豆上辗转危害，实现侵染循环。北方以冬孢子在蚕豆病残株上越冬。冬孢子萌发时产生担子及担孢子，担孢子借助气流传播到蚕豆叶面，萌发产出芽管，直接侵入蚕豆，然后在病部产生性孢子器及性孢子和锈子腔及锈子孢，之后形成夏孢子堆，释放夏孢子；夏孢子借气流传播形成再侵染；在生长后期，夏孢子堆发育成冬孢子，形成冬孢子堆。病残体上越冬或越夏的冬孢子不需要休眠，遇适宜条件则可随时萌发，形成担孢子，借助气流传播到蚕豆叶片上，萌发侵入寄主组织，在寄主组织内形成性孢子器，再发育形成锈孢子器，锈孢子器中的锈孢子由气流传播到邻近的蚕豆叶片上，萌发侵入蚕豆茎叶组织，形成夏孢子堆。病株上产生的夏孢子借助气流传播，进行多次再侵染，病害不断蔓延。到蚕豆生育后期，又形成冬孢子在病残体上越冬或越夏，完成侵染循环。

4. 流行规律

锈病的发生与温度、湿度、品种和播种期等有密切关系，一般来说，高温高湿的气候易诱发锈病。

（1）气候条件。锈病病原喜温暖潮湿，夏孢子萌发和侵染的适宜温度为 14～24℃，20～25℃ 易流行。因此，南方蚕豆产区 3—4 月为蚕豆锈病流行期，尤其在春雨多的年份发生严重。云南冬春气温高，早播蚕豆年前即开始发病，形成发病中心，翌年 3—4 月是锈病发生的高峰期。一般低洼积水、土质黏重、生长茂密、通透性差的地块发病重。尤其春雨多的年份易流行。长江流域 4—5 月，雨多潮湿，气温适中，最适合蚕豆锈病发生。

（2）品种抗病性。品种之间的抗病性有明显差异。一般早熟品种因生育期短，适宜发病的生长时期相对也短，故发病较轻。晚熟品种，因为生长期长，开花结荚期正逢雨季，夏孢子数量也多，增加了再侵染的机会，故发病重。

（3）栽培管理。种植过密，群体过大，蚕豆地块小，湿度大，光照不足，空气不流通，降水后叶表面不易干燥，有利于孢子萌发和侵入，往往容易发病。播种过晚，田块低凹积水，排水差，植株营养不良，也容易发病。

5. 防治技术

（1）选用抗病品种。蚕豆不同品种对锈病的抗性差异大，各地应在已有的品种中选用抗病、高产的良种。另外，各地可因地制宜地选用早熟品种，使蚕豆在锈病大发生前接近成熟，以避免锈病危害。

（2）农业防治。

①合理密植。及时整枝，保持通风透光良好，降低田间小气候湿度。夏播蚕豆和早熟蚕豆应安排在远离大面积种植蚕豆的区域，以有效降低病原基数。

②适期早播早收。选用早熟品种或在适宜播种期适当提早播种，提早收获避开发病盛期，或与蚕豆以外的作物轮作，都是减轻锈病危害的重要措施。

③清洁田园。在蚕豆收获后，应收集病残体，及时做成堆肥材料或烧掉，以减少越冬（越夏）病原基数。避免带病豆糠入豆

田，减少病源。

（3）化学防治。蚕豆出苗后，应经常检查发病情况，对历年发病重的田块，发病初期和花荚期应根据病情防治2～3次。主要药剂和用药量：①15％三唑酮可湿性粉剂1 000倍液喷雾；②58％甲霜灵·锰锌可湿性粉剂800倍液喷雾，用药20天后检查，如果病情仍在发展，施第二次药；③80％代森锌可湿性粉剂500～600倍液，在发病初期喷雾，隔7～10天喷1次，连续喷施2～3次；④1：1.5：200的波尔多液喷雾，根据病情，7～14天后再施第二次；⑤发病初期开始喷洒30％固体石硫合剂150倍液、15％三唑酮可湿性粉剂1 000～1 500倍液、50％萎锈灵乳油800倍液、50％硫黄悬浮剂200倍液、25％丙环唑乳油3 000倍液、25％丙环唑乳油4 000倍液加15％三唑酮可湿性粉剂2 000倍液，隔10天左右1次，连续防治2～3次，也有较好的防治效果；⑥叶面喷施腐殖酸、氨基酸、水杨酸和苯并噻二唑等，可以诱导抗性，有效降低蚕豆锈病的严重度和提高产量。

（二）蚕豆白粉病

苏丹、埃塞俄比亚和以色列等有蚕豆白粉病发生并危害严重的报道。蚕豆白粉病普遍发生在我国各蚕豆产区，但一般不造成较大危害。云南和新疆发生较多，在其他地区（如四川、河北等省份）仅零星发生。一般在蚕豆生长季节比较干燥的地区容易发生该病。

1. 症状

该病害主要发生于蚕豆开花后，当早春蚕豆花芽初现时，即开始危害。病原首先侵染叶片，后期也侵染茎、豆荚。叶片被侵染，首先在上表面产生小的褪绿或白色区域，这些区域逐渐扩大并形成大小不一的白色粉斑。病斑扩大和合并，最后整个叶面被白粉覆盖。被侵染区域也变为紫色或褐色。极嫩叶片染病时，生长受阻，作纵向卷曲，同时叶片增厚，病害继续发展导致叶片变色和枯萎，最后引起茎端凋萎。嫩茎、叶柄和荚被感染，染病区域为褐色，上面布满白粉层。严重染病的嫩荚常出现畸形和早熟。在病害后期，病部菌丝层上产生大量黑色闭囊壳。

2. 病原

引起蚕豆白粉病的病原为蓼白粉菌（*Erysiphe polygoni*），属于子囊菌亚门白粉菌目白粉菌属真菌。闭囊壳深褐色，球形，散生在菌丝上，直径 79.9～119.0 微米。附属丝多，呈菌丝状，褐色，较短，与菌丝相交织，大小为（40～48）微米×（6～8）微米。闭囊壳内含 1～4 个卵圆形至广卵形子囊。子囊大小为（30.0～62.6）微米×（22.6～41.8）微米。子囊孢子 4～8 个，卵圆形或稍长卵形，单胞，无色，大小为（13.9～24.4）微米×（10.4～15.7）微米。无性态属半知菌亚门粉孢属白粉孢（*Oidium erysiphoides* Fr.）。分生孢子单胞，无色，卵圆形至长圆筒形，两端圆，大多 3～4 个串生，偶尔单生或双生，大小为（27.9～47.0）微米×（12.2～22.6）微米。分生孢子梗自叶片表面的外生菌丝抽出，2～4 个细胞，大小为（20.4～68.0）微米×（6.8～8.5）微米。分生孢子萌发的温度范围很广，一般在 16～28℃ 条件下，48 小时内萌发，相对湿度要求在 90% 以上，但在水滴内孢子很少萌发。除侵染蚕豆外，蚕豆白粉病的病原还侵染许多作物和杂草，包括豌豆、绿豆、菜豆、豇豆、羽扇豆、扁豆、紫云英、苜蓿、油菜、芥菜、蔓菁、番茄、苦荞麦等，以及巢豆属的几个野生种。

3. 侵染循环

病原在杂草或其他过冬作物上越冬，也能以闭囊壳形式在植株病残体上越冬，温暖地区也能以菌丝体及分生孢子在病部越夏或越冬。翌年适宜条件下，在寄主上产生的分生孢子通过气流传播到蚕豆上造成初侵染，或土壤中病残体上的闭囊壳释放子囊孢子进行初侵染，被侵染植株发病部位产生分生孢子，通过风迅速在田间扩散进行再侵染，经重复侵染，扩大危害，造成病害流行。在云南经常栽培早播菜用蚕豆，其感染的白粉病和在病叶上产生的大量分生孢子，是正常秋播蚕豆发生白粉病的一个重要病原。

4. 流行规律

病害可以在一个较广的环境条件范围发生，干燥和温暖的气候适合蚕豆白粉病发生和发展，气候干燥是发病的主要诱因。在云南昆明到大理一带，冬季的相对湿度为 $54\%\sim67\%$，春季相对湿度为 $52\%\sim61\%$。因此，在蚕豆生长季节，很容易发生蚕豆白粉病。同在干燥的条件下，较高的气温容易诱发病害。平均气温为 $20\sim24℃$，潜育期短、易发病；气温在 $18℃$ 以下则潜育期长或发病较少。在潮湿、多降水或田间积水、植株生长茂密的情况下，易发病；干旱、降水少，植株往往生长不良，抗病力弱，但病原分生孢子仍可萌发侵入，尤其是干湿交替有利于该病扩展，发病重。

5. 防治技术

（1）农业防治。

①选育和推广抗白粉病品种。选用早熟品种，在白粉病大发生前接近成熟，以避免白粉病危害。

②清洁田园。蚕豆收获后及时清除病株残体，并集中深埋或烧毁。

③加强田间管理。提倡施用酵素菌沤制的堆肥或充分腐熟的有机肥，采用配方施肥技术，合理密植，加强管理，使植株生长健壮，提高抗病力。

（2）化学防治。发病初期喷施药剂，药剂种类和用量：①2％武夷菌素水剂 200 倍液喷雾；②25％三唑酮可湿性粉剂 2 000 倍液喷雾；③50％萎锈灵乳油 800 倍液喷雾；④50％硫黄悬浮剂 200 倍液喷雾；⑤25％丙环唑乳油 4 000 倍液喷雾；⑥40％氟硅唑（福星）乳油 5 000～8 000 倍液喷雾；⑦60％防霉宝 2 号水溶性粉剂 1 000 倍液喷雾；⑧30％碱式硫酸铜悬浮剂 300～400 倍液喷雾；⑨20％三唑酮乳油 2 000 倍液喷雾；⑩10％苯醚甲环唑水分散粒剂1 500～2 500倍液喷雾。隔7～10天喷药1次，连喷2～3次。

（三）蚕豆花叶病毒病

1. 由菜豆黄花叶病毒引起的蚕豆花叶病毒病

由菜豆黄花叶病毒（bean yellow mosaic virus，BYMV）引起的蚕豆花叶病毒病是蚕豆生产中主要的病毒病，在世界许多蚕豆生产国普遍发生，对生产影响严重。在我国云南蚕豆田随机采集的标样中，菜豆黄花叶病毒的侵染率高达96%，而在具有病毒症状的样本中，侵染率为100%。

（1）症状　菜豆黄花叶病毒导致蚕豆系统花叶，以及幼叶被侵染初期出现明脉，随后表现为轻花叶、脉带以及褪绿。

（2）病原　菜豆黄花叶病毒，属于马铃薯Y病毒科（*Potyviridae*）中的马铃薯Y病毒属（*Potyvirus*）。病毒粒子呈弯曲线状，无包膜，长约750纳米，直径12～15纳米，属RNA病毒。病毒核酸为单分子线形正义单链RNA（ssRNA）。病毒的致死温度为65℃，体外存活期2～7天，稀释限点为10^{-5}～10^{-3}，沉淀常数为151S。

（3）发生规律　菜豆黄花叶病毒通过摩擦、蚜虫和种子带毒传播。传毒蚜虫有20多种，包括豌豆蚜（*Acyrthosiphon pisum*）、大戟长管蚜（*Macrosiphum euphorbiae*）、桃蚜（*Myzus persicae*）、蚕豆蚜（*Aphis fabae*）等。蚜虫以非持久方式传毒，在蚕豆上的种传率为4%～17%。

菜豆黄花叶病毒可以侵染许多科植物，可引起18种食用豆类作物和苜蓿属、车轴草属、草木樨属等豆科牧草的病害。

田间初侵染源有两个：带病毒的蚕豆种子和来自其他发病作物的带毒蚜虫。一旦在蚕豆田间由病种或毒蚜取食形成发病中心植株后，病害在田间的进一步扩散主要通过蚜虫的迁飞取食完成。因此，有利于蚜虫群体增殖和有翅蚜形成的气候条件以及田间和地边杂草丛生的环境条件，都可以加重病害的发生。

（4）防治方法

①农业防治。

a. 种植抗病品种。利用品种抗性是控制蚕豆花叶病毒病的主要方法。国际干旱地区农业研究中心（ICARDA）在蚕豆中发现了一些抗菜豆黄花叶病毒材料，如加拿大的 2N138、2N295、2N23、2N65、2N2，阿富汗的 BPL5247、5248、5249、5251，西班牙的 BPL5250，土耳其的 BPL5252，埃及的 BPL5255。我国云南的蚕豆种质云豆 315 表现抗病（病情指数 8.3），而 97-1867 表现中抗（病情指数 15.7）。Bos 等先后命名了蚕豆的 3 个抗菜豆黄花叶病毒基因：bym-1、bym-2 和 bym-3。

b. 选用健康种子。健康的无毒种子能够有效减少初侵染源。

c. 栽培防治。清洁田园，铲除可以作为蚜虫寄主的杂草，也能够起到减轻病害的目的。

②化学防治。药剂防治分为蚜虫防治和病毒病防治两部分。蚜虫可以用 0.5％种子重量的 10％吡虫啉可湿性粉剂拌种防治；在蚜虫发生初期喷施 10％吡虫啉可湿性粉剂 2 500 倍液、50％抗蚜威可湿性粉剂 2 000 倍液、2.5％高效氟氯氰菊酯乳油 2 000 倍液。病毒病防治可在发病前或发病初期叶面喷施 NS-83 或 88-D 耐病毒诱导剂 100 倍液，或 2％或者 8％宁南霉素水剂（菌克毒克）、6％低聚糖素水剂、0.5％菇类蛋白多糖水剂、20％盐酸吗啉胍·乙酸铜可湿性粉剂、3.85％病毒必克可湿性粉剂、40％克毒宝可湿性粉剂。

2. 由豌豆种传花叶病毒引起的蚕豆花叶病毒病

豌豆种传花叶病毒（pea seed-borne mosaic virus，PSbMV）在世界许多蚕豆种植地区引起蚕豆花叶病毒病，一般发病率在 10％以下，局部地区对生产有影响。在我国，已从云南和青海的蚕豆田中鉴定出豌豆种传花叶病毒。豌豆种传花叶病毒在蚕豆上的种传率为 2.0％～10.6％。

（1）症状　在蚕豆叶片上出现花叶、斑驳或明脉症状，叶片卷曲，植株轻度矮缩，种子变小，种皮开裂并有坏死条斑。

（2）病原 豌豆种传花叶病毒，属于马铃薯 Y 病毒科（*Potyviridae*）中的马铃薯 Y 病毒属（*Potyvirus*）。病毒粒子呈弯曲线状，无包膜，长 770 纳米，直径 12 纳米，属 RNA 病毒。病毒核酸为单分子线形正义 RNA（ssRNA）。病毒粒子致死温度为 55℃，体外存活期 1 天（发病叶片）或 4 天（病植株根中病毒），稀释限点为 $10^{-4} \sim 10^{-3}$，沉淀常数为 154S。

（3）发生规律 豌豆种传花叶病毒通过机械摩擦、蚜虫和种子传播。病害在田间通过蚜虫传播，主要传毒蚜虫为豆蚜、蚕豆蚜及其他 19 种蚜虫。蚜虫传毒方式为非持久性传毒，也有半持久性传毒的方式。

豌豆种传花叶病毒能侵染 12 科 47 种植物，包括 7 种豆类作物，具有较宽的寄主范围。

豌豆种传花叶病毒的田间初侵染源主要为带毒种子和来自其他越冬带毒寄主上的蚜虫。带毒种子形成病苗后，经蚜虫传毒，引起大量植株发病。20～25℃和一般的湿度环境下，病害发展迅速；温度略高、气候干旱，有助于蚜虫种群的增长和蚜虫迁飞，有利于病害扩散。

（4）防治方法

①农业防治。种植无病毒侵染的健康种子，可以有效控制初侵染源。

②化学防治。参见蚕豆花叶病毒病（BYMV）防治方法。

（四）蚕豆萎蔫病毒病

由蚕豆萎蔫病毒（broad bean wilt virus，BBWV）引起的蚕豆萎蔫病毒病是世界蚕豆生产中的重要病害，在中东和北非地区常导致严重的生产损失。该病在我国蚕豆各主要产区普遍发生，其中在南方地区发生严重。田间发病率可达 80%，引起明显的生产损失。

1. 症状

蚕豆萎蔫病毒侵染会形成花叶，但花叶类型因侵染早晚、品种抗性差异等而有所不同。主要症状为叶片花叶、明脉、皱缩、少花、不结实或结实率低；如冬前感染，还会出现植株矮化，有的嫩茎上出现黑色长条斑并很快枯萎死亡。

2. 病原

蚕豆萎蔫病毒1号（broad bean wilt virus-1，BBWV-1）和蚕豆萎蔫病毒2号（broad bean wilt virus-2，BBWV-2），属于豇豆花叶病毒科（*Comoviridae*）中的蚕豆病毒属（*Fabavirus*）。病毒粒子为等轴对称二十面体，直径约25纳米，无包膜，属RNA病毒。病毒核酸为二分子线形正义RNA（ssRNA）。粒子中3种成分的沉淀常数分别为56～63 S（T）、93～100 S（M）、113～126 S（B）。蚕豆萎蔫病毒1号的A_{260}/A_{280}的值为1.32（T）、1.64（M）和1.75（B）；蚕豆萎蔫病毒2号的A_{260}/A_{280}的值为1.32（T）、1.64（M）和1.75（B）。蚕豆萎蔫病毒1号的致死温度为55～60℃，体外存活期3～4天，稀释限点为10^{-4}～10^{-3}；蚕豆萎蔫病毒2号的致死温度为60℃，体外存活期为22℃下4天，稀释限点为10^{-4}。在我国发生的蚕豆萎蔫病毒病病原普遍是蚕豆萎蔫病毒2号，目前尚未分离到蚕豆萎蔫病毒1号。

3. 发生规律

蚕豆萎蔫病毒寄主植物很多，寄主全年存在，可以在田间寄主病组织上以寄生方式越冬或越夏。由豆蚜、桃蚜等多种蚜虫以非持久性方式传播，病毒的浓度影响蚜虫的传毒效能。吸食低浓度病毒的桃蚜，其传毒率约25%，而吸食高浓度病毒的桃蚜，能保持其传毒能力达24小时。天气干燥、传毒介体数量大，有利于病害发生和流行。当蚕豆田附近有蔬菜地或田块旁杂草丛生时，往往发病重。

4. 防治方法

（1）农业防治。

①选用抗（耐）病品种。不同品种之间抗性差异明显，选育抗性强的蚕豆品种是防治蚕豆病毒病的有效途径。

②适时播种。从无病田留种，选择健康饱满的无病种子，适期播种，培育壮苗。

③清除初侵染源，严防再侵染。发现田间有染病植株应及早拔除，并将病株深埋或高温堆肥，严防继续扩散侵染。不要将蚕豆混杂种植于蔬菜地。

④加强日间管理。及时拔除田间杂草。叶面喷施营养剂加黑皂或普通洗衣肥皂（0.05%～0.10%），有助于钝化毒源，促进植株生长。

（2）化学防治。参见蚕豆花叶病毒病（BYMV）防治方法。

（五）蚕豆黄化卷叶病毒病

由菜豆卷叶病毒（bean lcaf rooll virus，BLRV）引起的蚕豆黄化卷叶病毒病，对蚕豆生产有较大的影响。目前，中东地区以及澳大利亚，蚕豆黄化卷叶病毒病已成为蚕豆生产中的重要病害之一，田间发病率为 27%～100%，可以造成 50%～90%蚕豆产量损失，甚至在叙利亚的沿地中海地区有造成绝收的记录。该病害在我国也有发生。国内的研究表明，蚕豆开花期前被侵染的植株几乎不结荚，开花后发病植株单株减产 87.9%～98.0%。

1. 症状

在蚕豆上引起顶叶褪绿黄化，叶柄缩短，叶缘上卷，叶片僵直上举；叶片脉间黄化；植株矮缩，呈宝塔形；叶片早落，结荚少或无荚。

2. 病原

菜豆卷叶病毒，属于黄症病毒科（*Luteoviridae*）中的黄症病毒属（*Luteovirus*）。病毒粒子为等轴对称二十面体，无包膜，直径 27 纳米，属 RNA 病毒。病毒核酸为单分子线形正义 RNA（ssRNA）。病毒粒子 A_{250}/A_{280} 的值为 1.83。提纯病毒可以在室温下保存侵染活性 10 天。

3. 发生规律

菜豆卷叶病毒通过蚜虫、嫁接传播，但不通过摩擦、种子和花粉传播。传毒蚜虫主要有豆蚜、蚕豆蚜、豌豆蚜等 10 余种，以持久性方式传毒，豆蚜传毒力最强，病毒在蚜虫体内不增殖。

菜豆卷叶病毒寄主范围较窄，自然侵染 9 种食用豆类作物和多种豆科牧草；接种条件下仅侵染豆科中的 20 种作物和牧草。

传毒蚜虫的存在和迁飞是蚕豆黄化卷叶病毒病发生的关键因素。带有菜豆卷叶病毒的蚜虫主要在豆科寄主（如秋播蚕豆）上越冬，翌年春季通过有翅蚜迁飞将病毒传至全田，引起蚕豆黄化卷叶病毒病。夏季，蚜虫将病毒传至其他豆科植物，形成周年侵染循环。天气温暖（10～25℃）有利于蚜虫繁殖、获毒与传毒，易造成病毒病的大流行。

4. 防治方法

（1）农业防治。

①种植抗病品种。在 ICARDA，已筛选出一些对菜豆卷叶病毒抗性非常突出的蚕豆资源：ILB 0084、ILB 0086、ILB0107、ILB 0485（阿富汗），ILB 0202（土耳其），ILB 0328、ILB 4133（中国），ILB 0388（突尼斯），ILB 0426（苏丹），ILB 0603-A（俄罗斯），ILB 0710（也门），ILB 1831（瑞士），ILB 5000（巴基斯坦），BPL 1179（哥伦比亚）。澳大利亚的蚕豆抗菜豆卷叶病毒育种工作已取得明显进展。

②田间管理。及时拔除病株，减少蚜虫的毒源；调整播期，避开蚜虫迁飞和传毒高峰；与禾本科作物轮作，可以减少病毒和传毒介体数量；生产田远离苜蓿田，因为后者是菜豆卷叶病毒的重要初侵染来源地。

（2）化学防治。参见蚕豆花叶病毒病（BYMV）防治方法。

（六）蚕豆褐斑病

蚕豆褐斑病在世界各国蚕豆产区均有分布。在我国蚕豆产区普遍发生，病害流行年份一般造成 20％～30％的产量损失，严重发病地块减产可达 50％，同时影响籽粒的外观颜色而降低其商品性。

1. 症状

植株的地上部分均能受害。病原侵染蚕豆的叶片、茎、豆荚和种子。叶片受害初期出现赤褐色小斑点，随后扩大形成圆形、椭圆形或不规则形的病斑，直径 3～8 毫米，病斑周缘明显，稍微凹陷、深褐色；后病斑扩展，中央变为灰褐色，边缘呈深褐色突起，表面常有同心轮纹，中央密生数量不等的小的黑色分生孢子器，分生孢子器通常以同心圆方式略作轮状排列，呈淡灰色；随着病情发展，一些病斑后来合并成大的不规则黑色斑块，病斑中央部分常脱落，呈穿孔症状，严重时叶片枯死。茎部受害后，病斑呈圆形、卵圆形、纺锤形，中央灰色稍凹陷，边缘赤色或深褐色凸起，病斑绞大，长达 5～15 毫米。被害茎常枯死、折断，在病组织表面散生大量黑色的小点，即为分生孢子器。豆荚上的病斑呈圆形或卵圆形，棕褐色至黑色，具深褐色边缘，凹陷较深，病斑通常深深地陷入寄主组织内，病斑有时很大，占据大部分豆荚，严重侵染豆荚则枯萎干瘪。在荚的病斑上也长出分生孢子器，排列成轮纹状。病原可穿过荚皮侵害种子，致使种皮表面形成黑色污斑，种皮表面常形成分生孢子器，导致种子瘪小、皱缩、不能成熟。感病种子一般不能发芽。

2. 病原

蚕豆褐斑病原为蚕豆壳二孢（*Ascochyta fabae* Speg.），有性态为蚕豆双胞腔菌（*Didymella fabae*），属于半知菌亚门球壳菌目壳二孢属真菌。分生孢子器在病斑上散生或排列成环状，扁球形，器壁膜质，浅褐色，有孔口，大小为（95～270）微米×（111～301）微米，平均为 172 微米×178 微米。分生孢子圆筒形，直或弯曲，无色，双胞，偶有 3～4 个细胞，隔膜处稍缢缩，大小为（14～30）微米×（3.8～7.9）微米，平均为 19.2 微米×5.1 微米。褐斑病病原在 4～32℃均可生长，菌丝最适温度为 20～27℃；产孢最适温度为 20～23℃，高于 32℃ 则不产孢；孢子萌发温度为 14～32℃，最适温度约 22℃。菌丝在 pH 为 4.5～8.5 的基质上均能生长，最适 pH 为 7～7.5。除蚕豆外，还能侵染苜蓿、豌豆及巢豆属的一些野生植物种。

3. 侵染循环

病原以菌丝体、分生孢子器或假囊壳在病残体或种子等上越冬、越夏，成为翌年初侵染源。禾生苗也可能是重要的初侵染源。当第二年春季气温升高、空气湿度较高时，病残体上成熟的分生孢子器或假囊壳释放出大量的分生孢子或子囊孢子，通过雨溅或气流传播，首先侵染距离地面较近的幼茎或嫩叶，形成发病中心。之后，茎、叶片上的病斑产生分生孢子器，分生孢子从成熟的分生孢子器中渗出，借风雨在田间传播蔓延。病原侵染和病害发展的温度为 5～30℃，最适温度为 20℃。保持一定时间叶面湿润是侵染发生的必要条件。冷凉、潮湿的天气条件有利于病害的快速流行。带病种子对传统蚕豆种植区病害发生影响不大，但是能够将病害传入新的蚕豆种植区。种子表面和内部均能传带病原，播种带病种子后，在潮湿条件下幼苗发病。因此，带病种子成为大田发病的一个主要来源。

4. 流行规律

早春多降水和植株过于稠密，有利于病害发生。阴湿天气越长，发病越严重。田间遗留有上季病株残体，特别是播种的种子内混有大量的带病种子，均能诱发病害的发生。生产上未经种子消毒或播种过早、施氮肥过多均可导致发病重。

5. 防治技术

（1）农业防治。

①种植抗病品种。田间观察表明，我国近年选育的一些蚕豆品种对褐斑病有较好的抗性，如青海 11 号、青海 12 号、凤豆 15 号、凤豆 16 号、慈溪大粒 1 号等。

②精选种子和种子处理。最好采用来自无病豆田或无病区的种子，或选择无病的豆荚，单独脱粒留种。在播前进行粒选，剔除病粒，选用无病饱满的籽粒作为种子。如果种子带病，播前进

行温汤浸种：先将种子浸于冷水中 24 小时，然后移入 40～50℃温水内浸 10 分钟，或 56℃温水内浸 5 分钟，或用 0.6％种子重量的 50％福美双可湿性粉剂拌种。

③清洁田园。收获后，将病茎、叶、荚清除并烧毁，配合深耕，减少越冬病原。同时，注意不要将病株残体混入肥料中。播种前，清除田间及周边的禾生苗。

④加强田间管理。适期播种，注意排水，合理密植，在低凹的田块提倡高畦栽培。增施钾肥，促使植株生长健壮，以提高植株抗病力。与非寄主作物进行轮作；在经常发病和发病较严重的豆田内，可以采用 2～3 年轮作制。

（2）化学防治。发病初期，喷洒药剂，一般采用的药剂种类：①30％绿叶丹可湿性粉剂 800 倍液喷雾；②0.5％石灰倍量式（0.5：1：100）波尔多液喷雾；③70％甲基硫菌灵可湿性粉剂 1 000 倍液喷雾；④50％琥胶肥酸铜可湿性粉剂 500 倍液喷雾；⑤47％春雷·王铜可湿性粉剂 600 倍液喷雾；⑥50％福美双可湿性粉剂 500 倍液喷雾；⑦25％多菌灵可湿性粉剂 600 倍液喷雾；⑧80％代森锰锌可湿性粉剂 600 倍液喷雾；⑨14％络氨铜水剂 300 倍液喷雾；⑩77％氢氧化铜可湿性微粒粉剂 500 倍液喷雾。根据病情，隔 10 天左右喷 1～2 次。

（七）蚕豆赤斑病

蚕豆赤斑病是世界性的病害，在我国蚕豆产区中以长江中下游和东南、西南、沿海各省份秋（冬）播蚕豆区以及甘肃、青海等一些春播蚕豆区发生较为普遍，春季和初夏降水多的年份常流行。生产中常因赤斑病流行而使蚕豆产量降低，严重时蚕豆植株成片枯死导致绝收。近年来，由于气候条件的原因，蚕豆赤斑病在春蚕豆种植区（如甘肃、青海、山西）的发生逐年加重。当气候适宜时，病害发生严重，会导致 50％～70％的产量损失。

1. 症状

主要危害叶片、叶柄、茎秆，严重时也在花瓣、幼荚上形成病斑。病害发生多从下部老叶或受冻害的主茎开始。发病初期，叶片上产生针尖大小的小赤点，小点逐渐扩大成近圆形或椭圆形的赤褐色病斑，病斑直径2～4毫米，中央稍凹陷，周缘深褐色，病斑交界处明显，散布在叶片的正反两面，病斑常愈合形成面积较大、呈不规则形的铁灰色枯斑，进而引起落叶。茎和叶柄发病，产生赤褐色条斑，边缘深褐色，病斑表皮破裂后产生裂纹。花受害后遍布棕褐色小点，严重时花冠变成褐色、枯萎，从下向上逐渐凋落。豆荚感染后产生赤褐色斑点，病原能穿透豆荚，侵染种子，在种皮上产生小红斑。在耐病品种上或在天气晴朗时的感病品种上病斑发展慢，仅形成圆斑或条斑，称为"慢性病斑"；若遇阴雨潮湿天气，感病品种叶片上的病斑迅速扩展，病叶变黑，表面密生灰色霉层（病原的分生孢子梗及分生孢子），这种病斑称为"急性病斑"，植株各部变灰黑色而枯死。剥开枯秆，内有黑色椭圆形或扁平形的菌核。病情严重时，整个叶片、花器、幼荚及茎秆都发黑干枯，叶片大量脱落，田间植株一片焦黑，如同火烧。

2. 病原

病原有蚕豆葡萄孢（*Botrytis fabae* Sardina）、灰葡萄孢（*B. cinerea* Pers.）和拟蚕豆葡萄孢（*B. fabiopsis*）3种，属于真菌半知菌亚门丝孢目葡萄孢属。

蚕豆葡萄孢分生孢子梗淡褐色，细长，具隔膜，大小为（300～2 000）微米×（8～21）微米，单生或束生，于主梗1/3处先端部位分枝，分枝末梢略膨大，上伸出小梗，小梗上着生分生孢子，聚生成葡萄穗状；分生孢子单胞，卵圆形或近圆形，稍带暗色，呈灰色，大小为（11～25）微米×（8～23）微米。在PDA培养基上菌落白色，菌丝绳索状，后期产生褐色至黑色小菌核，菌核黑色，圆形至椭圆形或不规则形，扁平，表面粗糙，菌核散布整个培养皿，大小为（0.5～6.2）毫米×（0.3～4.5）毫米，菌核平均数量为（500±50）个/皿。有性态为子囊菌蚕豆葡萄孢盘菌（*Botryotinia fabae*）。

灰葡萄孢的分生孢子梗丛生，灰色，渐变为褐色，大小为（1 000～3 000）微米×（11～24）微米；分生孢子椭圆形，无色至淡褐色，大小为（9～15）微米×（6.5～10.0）微米。在PDA 培养基上，菌落白色，比较浓密，菌核黑色，形状不规则，散乱分布于整个培养皿，灰葡萄孢菌核大小为（1.2～11.9）毫米×（1.1～5.8）毫米，菌核平均数量为（60±20）个/皿。有性态为子囊菌富氏葡萄孢盘菌（*Botryotinia fuckeliana*）。

拟蚕豆葡萄孢分生孢子梗淡褐色，细长，大小为（521～1 459）微米×（13～18）微米，单生或束生，顶端分枝，分枝末梢略膨大，伸出小梗，小梗上着生分生孢子，聚生成葡萄穗状；分生孢子单胞，透明，表面不光滑，卵圆至椭圆形，大小为（14.8～26.2）微米×（8.9～20.1）微米。在 PDA 培养基上，菌丝呈绒毛状，菌落白色至灰白色，菌核形状不规则，球形或椭圆形，菌核排列比较规则，呈同心环状或轮纹状，菌核大小为（1.9～12.1）毫米×（1.5～5.9）毫米，菌核平均数量为（140±30）个/皿。

灰葡萄孢寄主广泛，能够侵染 200 多种植物。蚕豆葡萄孢除侵染蚕豆外，还侵染菜豆、豌豆、华黄芪、紫花苜蓿、小巢豆等，拟蚕豆葡萄孢寄主范围较蚕豆葡萄孢窄。蚕豆葡萄孢的生长温度为 5～36℃，生长最适温度为 24～26℃；分生孢子在 19～21℃萌发最好，孢子萌发的温度为 5～34℃，35℃以上全不萌发。在整个生长温度限度内均能形成菌核。病原最适生长 pH 为4.4～5.2。病原有生理分化，国际干旱地区农业研究中心曾鉴定出中东 *B. fabae* 的 4 个小种。我国学者俞大绂于 20 世纪 30 年代和 50 年代研究鉴定出菌丝型、菌核型、分生孢子型 3 个类型，并证明病原为异核体。

3. 侵染循环

病原以菌核或菌丝在土壤或病株残体上越冬和越夏。菌核遇适宜条件则萌发长出分生孢子梗，并产生大量的分生孢子，分生孢子萌发后先端膨大，形成附着器，然后产生侵入丝贯穿角质层而侵入寄主，先侵染较易感病的老叶，引起初侵染。在南方地区，病原可在秋末冬初侵染蚕豆，以菌丝体在病株上越冬。在适宜条件下，染病植株的病斑上可产生大量的分生孢子，分生孢子借风雨传播，进行多次再侵染。如土面长期潮湿，落在大田内的病叶会在其表面产生大量的分生孢子，加速病害的传播蔓延。在有利于病原发生的条件下，从接种到出现病斑，潜伏期只有 48 小时。病斑扩展产生新分生孢子的时间为 7～10 天。在降水多或高湿条件下，灰葡萄孢侵染产生的病斑迅速扩大或合并致叶片变黑和死亡，最后脱落，3～4 天致全株枯死。病原侵染的最适温度为 20℃，最高温度为 30℃，最低温度为 1℃；饱和的空气湿度或寄主表面的水膜是孢子发芽和侵染的必要条件。蚕豆开花后，抗病力减弱，容易发病。播种过早，会导致冬前发病重；密度高、排水不良、缺营养元素，也都会促使发病。连作田中，单作田块比豆-麦间作田发病重。据浙江省温州市瑞安市多年系统调查，病害在田间发生可分为 4 个时期（范仰东，1990）。

（1）零星发病期。早春 2 月，在蚕豆中下部叶片可见赤斑病零星病斑，此时由于气温低，病情发展缓慢。

（2）病害上升期。3 月上中旬，蚕豆进入开花期，气温回升到 10℃左右，赤斑病开始从下部叶片向中上部叶片发展。

（3）盛发流行期。3 月中下旬，蚕豆进入盛花结荚期，气温稳定在 14℃左右，此时蚕豆枝叶茂盛，生长嫩绿，抗病力较弱，有利于病害盛发。

（4）加重危害期。4 月下旬至 5 月上旬，气温达到 17℃以上，对病原侵染十分有利，发病程度不断加重。4 月底至 5 月初达到高峰期，此后随着寄主组织衰老，发病滞缓。

4. 流行规律

（1）气候条件。诱发蚕豆赤斑病的气候条件主要为湿度和温度。气温在 20℃ 左右，最适合病原孢子的萌发和侵染。在大田生产中，诱发蚕豆赤斑病最重要的因素是相对湿度。病原产生孢子的空气相对湿度要在 85％ 以上。在气温 20℃、相对湿度 85％ 时，菌核大量萌发产生分生孢子，反复侵染，特别是在空气潮湿、温暖多降水时，病害普遍流行或危害较严重。当常年降水较多、云雾重时，赤斑病发病重。如长江一带，每年 3—5 月连续阴雨的时期越长，发病越普遍，造成的损失越严重。云南气候有明显的干湿季节，3—5 月为干季，虽然温度在 20℃ 左右，但是因空气湿度低，蚕豆赤斑病发生较轻；如果花荚期遇到连绵阴雨，就有大流行的可能。

（2）品种抗性。品种间抗病性有显著差异。浙江省农业科学院植物保护研究所筛选鉴定了来自国内外 938 份蚕豆种质对赤斑病的抗性。结果表明，中抗品种占 10.23％，中感品种占 41.16％，感病品种占 31.45％，高感品种占 17.16％（梁训义等，1992）。中抗品种来自蚕豆赤斑病常年发生严重的浙江、湖南、江苏、湖北等省份。中抗品种的籽粒以中粒型为主，仅有极少数材料为大粒型，而且其粒色以绿色为主，乳白色和浅绿色也有一定的比例。中抗品种在病害流行年份，不施药防治也能保持较稳定的产量。

（3）栽培条件。引起蚕豆赤斑病的病原都是弱寄生菌，通常在寄主生长衰弱时容易侵入。一般土壤酸性强、土质黏重、土壤贫瘠、钾肥不足、地势低洼、排水不良等情况下发病重；另外，播种量大、密度大、通风透光不好的地块发病重；播种过早或过晚，连作田块发病重。

5. 防治技术

（1）种植抗病品种。严格标准上，大田生产中还难以找到高抗蚕豆赤斑病的品种，目前生产中应用一些抗病性较好的品种，如启豆 1 号、成胡 10 号、通豆系列品种以及一些传统地方品种，传统地方品种有浙江黄岩绿小粒种、绍兴小白豆，湖南的常德蚕豆和江苏的马塘白皮豆等。

（2）农业防治。

①选种。选用无病种子和早熟品种。

②减少菌源。蚕豆忌重茬，一般实行 2 年以上轮作，可与小麦、油菜轮作，减少菌源。蚕豆收割后，清除田间带病残体，烧毁枯枝落叶，避免菌核遗留田间越冬。

③选高地种植。种植蚕豆宜选择高燥的坡地、平地、沙质壤土。若为低洼地，则提倡高畦深沟栽培，雨后及时排水，降低田间湿度，以达到控制和减轻蚕豆赤斑病发生危害的目的。

④加强栽培管理，合理密植。采用配方施肥技术，增施磷、钾肥促使植株健壮，增强抗病能力；及时打顶，使株间保持通风透光，降低田间小气候湿度，促使蚕豆植株健壮，提高抗病能力。

⑤利用生物多样性。利用生物多样性也是防治蚕豆赤斑病十分有效的农业防治方法。杨进成等（2008）研究表明，油菜与蚕豆多样性间作对主要病虫害具有持续控制效果，尤其对蚕豆赤斑病、蚕豆锈病和蚕豆斑潜蝇有显著的控制效果。小麦和蚕豆多样性间作获得了与油菜和蚕豆多样性间作同样的效果，尤其对蚕豆赤斑病和蚕豆斑潜蝇控制效果显著。多样性间作很好地改善了小麦和蚕豆、油菜和蚕豆的产量构成因素，提高了蚕豆叶片的光合效率和蚕豆持续固氮供氮能力，从而产生了明显的增产效应和增收效应。蚕豆和马铃薯多样性种植也能有效控制蚕豆赤斑病的发生，改善蚕豆产量构成因素，提高产量和经济效益。

（3）化学防治。

①播前种子和土壤处理。在播种前进行药剂拌种和土壤消毒处理，可有效防止蚕豆赤斑病的发生。用种子重量 0.3％的 50％多菌灵可湿性粉剂、50％敌菌灵可湿性粉剂拌种；用 50％多菌灵可湿性粉剂 1 千克加细土 20 千克拌成药土，撒入蚕豆种植穴中；用 50％敌磺钠可湿性粉剂 500 倍液泼浇土壤。

②喷药防治。蚕豆开花期是赤斑病侵染的主要时期，是适时

喷药控制的关键时期，一般年份秋播蚕豆区在3月下旬，春播蚕豆区在6月中下旬。于发病初期喷第一次药，每隔7～10天喷1次，连续喷2～3次。主要药剂和用药量：波尔多液1∶2∶200（硫酸铜∶生石灰∶水）和25%多菌灵可湿性粉剂1∶500倍液喷雾，50%乙烯菌核利可湿性粉剂1 000～1 500倍液喷雾，50%异菌脲可湿性粉剂1 500～2 000倍液喷雾，60%甲基硫菌灵·乙霉威可湿性粉剂600～800倍液喷雾，40%嘧霉胺悬浮剂800～1 000倍液喷雾。此外，25%多菌灵可湿性粉剂600倍液喷雾，50%甲基硫菌灵可湿性粉剂1 000倍液喷雾，50%乙烯菌核利可湿性粉剂800倍液喷雾；40%治萎灵可湿性粉剂1 000倍液喷雾，64%杀毒矾可湿性粉剂800倍液喷雾，50%腐霉利可湿性粉剂800倍液喷雾，58%甲霜灵锰锌可湿性粉剂800倍液喷雾均有一定效果。喷药后如药液未干遇雨，须待雨停后及时补施，以保证药效。

③诱导抗性。喷施化学或生物诱导剂能显著提高蚕豆对赤斑病的抗性和产量。有研究表明，播种后30天和70天喷施2次20毫摩尔/升的$KHCO_3$或K_2HPO_4，能使蚕豆赤斑病严重度分别减轻74.2%和71.2%；10毫摩尔/升抗坏血酸和草酸处理蚕豆种子24小时，能显著降低蚕豆赤斑病的严重度。叶面喷施腐殖酸、氨基酸可以促进蚕豆生长和矿物质含量提高，降低赤斑病和锈病的损失。从苗期开始间隔30天喷施1次植物激活蛋白，能显著诱导蚕豆对赤斑病、根腐病、病毒病的抗性并提高产量。

（八）蚕豆尾孢叶斑病

尾孢叶斑病，又称尾孢霉轮斑病，是蚕豆上普遍发生的一种真菌性病害。该病在世界各蚕豆种植区均有分布，因为不是重要病害而很少被关注。自2004年起，蚕豆尾孢叶斑病在澳大利亚有发生加重的趋势，原因尚不明确。我国最早报道蚕豆尾孢叶斑病是在1947年，现在各蚕豆种植区均有发生，但迄今还没有严重流行的报道。田间病害调查表明，近年来，蚕豆尾孢叶斑病在我国一些蚕豆产区（如甘肃、河北）有加重的趋势。

1. 症状

病原主要危害叶片，也侵染茎和荚。最初在下部叶片上产生红褐色小病斑。随后，上部叶片也渐次发病。在适宜条件下，病斑迅速扩大，呈圆形、长圆形或不规则形，直径可达 15 毫米。病斑红褐色至深灰色，具稍微隆起、深褐色的清晰边缘。病斑内常形成同心环轮纹。在潮湿气候条件下，病斑上可产生大量分生孢子，呈银灰色，该症状可以区别于链格孢叶斑病、赤斑病和褐斑病。茎上病斑梭状或长圆形，中央灰色，常凹陷，边缘深褐色。荚上病斑圆形或不规则形，黑色，凹陷，具清晰边缘。

2. 病原

蚕豆尾孢叶斑病由真菌轮纹尾孢菌（*Cercospora zonata*，异名 *C. fabae*）引起。病原的子实体生于叶片两面的病斑上，子座无或小，气孔下生，球形，褐色，直径 10～30 微米。2～20 根分生孢子梗稀疏簇生至多根紧密簇生，褐色，顶部渐细，颜色逐渐变浅，0～2 个隔膜，不分枝，有时屈曲，顶端圆或亚平切状，有孢子痕，大小为（12.5～65）微米×（4～8）微米；分生孢子无色，圆筒形至倒棒形，3～15 个隔膜，直或略弯，基部亚平切状至长倒圆锥形，顶端圆锥形，大小为（16～151）微米×（3～7）微米。除蚕豆外，轮纹尾孢还侵染大野豌豆、救荒野豌豆和小扁豆。

3. 侵染循环

病原以菌丝体或子座在土壤中或病残体上越冬，成为翌年的初侵染源。有研究表明，病原在土壤中至少能够存活 30 个月，土壤中的接种体数量与病害发生率和严重度显著相关。在适宜条件下，土壤中或病残体上的病原产生分生孢子，分生孢子借气流、水溅传播到植株下部叶片，产生初侵染，被侵染叶片产生的病斑在潮湿条件下产生大量分生孢子借风雨扩散，进行重复侵染。在病害流行的早期阶段，接种体主要进行短距离传播。

4. 流行规律

湿度是病害严重发生的关键因素。高湿度是分生孢子形成、萌发以及侵入寄主的必要条件。温度在 18～26℃、相对湿度在 90％以上时，最有利于病原侵染。长期阴雨、重露，种植太密、土壤黏重、低洼潮湿、排水不良或缺钾则发病重。此外，连作地发病严重。

5. 防治技术

（1）种植抗病品种。研究表明，蚕豆对尾孢叶斑病的抗性由单个显性基因控制。目前有一种抗尾孢叶斑病快速鉴定技术，可为开展抗性资源筛选和抗病品种选育提供简单途径。

（2）农业防治。与非寄主作物进行轮作；高畦深沟栽培，降水后及时排水，合理密植，降低田间湿度。收获后，及时清除田间蚕豆病残体，深耕土地，促进带病原病残体的腐烂。

（3）化学防治。在病害发生前，喷施 50％多菌灵可湿性粉剂 1 200～1 500 倍液、43％戊唑醇悬浮剂 3 000 倍液、75％百菌清可湿性粉剂 500～800 倍液或 15％三唑酮可湿性粉剂 1 500～2 000 倍液。根据病害发生情况，隔 10～14 天防治 1 次，连续防治 2～3 次。

（九）蚕豆镰孢根腐和枯萎病

蚕豆镰孢根腐和枯萎病是蚕豆上的重要病害，在世界许多蚕豆产区都有报道。我国各蚕豆产区均有发生，一旦发病则很难控制，该病害是长江流域蚕豆生长中后期的主要病害。蚕豆镰孢根腐和枯萎病导致根系、茎基部或维管束受损，最终引起植株死亡。目前，青海、甘肃和宁夏等省份的春蚕豆产区蚕豆镰孢根腐和枯萎病发生也极为普遍，特别是在春夏多降水时极易发生，病害流行时，可毁灭大面积的蚕豆。如在云南省玉溪市通海县曾大面积发生，引起蚕豆成片枯死，造成重大损失（阮兴业等，1973）。青海蚕豆主产区田间调查表明，发病率为 44％～68％，病情指数为 23.0～31.4，对蚕豆高产、稳产、优质造成一定影响（陈占全，1999）。1983 年，在云南省昆明市东川区的蚕豆苗期镰孢根腐病调查表明，该区有 4 000 亩蚕豆发生镰孢根腐病，占蚕豆播种面积的 67%，死亡率为 10%～100%（阮兴业等，1986）；李春杰、南志标（1996）对甘肃省临夏回族自治州春蚕豆镰孢根腐病调查发现，所有调查田块都有不同程度的发生，死亡率在 1%～90%，其中，有近 20% 的田块死亡率在 30% 以上。鲍建荣等（1992）在浙江的调查表明，每年 3—5 月蚕豆开花结荚期或荚成熟前，该病害可造成大量植株枯死，一般田块枯死率在 10%～30%，重病田块枯死率可超过 40%。

1. 症状

蚕豆镰孢根腐和枯萎病的病原为多个镰孢菌种复合体，不同镰孢菌引起的病害症状在田间条件下很难区分，常常是多种病原复合侵染。病原侵染蚕豆的根或茎基部，早期侵染可以导致种子腐烂以及在出苗期或出苗后幼苗死亡，有时导致幼苗土面或近土面处茎部腐烂和缢缩。镰孢根腐病病原侵染根和茎基部产生黑褐色至黑色病斑。随着病情发生，侧根和主根大部分变黑和腐烂，茎基部病斑扩大、凹陷和环茎，导致茎腐烂和萎缩。叶部症状也可以反映镰孢根腐病的发展进程。首先，植株下部叶片变黄、边缘变褐或死亡，到最后所有叶片完全变黄和枯死。严重感病植株明显矮化。镰孢根腐病病原仅引起根和茎基部皮层组织腐烂。尖镰孢引起的蚕豆枯萎病症状包括叶片黄化并逐渐枯萎，最后叶片变黑枯死，根系和茎秆维管束系统变褐色至黑色，根系和茎基部变色及腐烂不显著。

2. 病原

有多种镰孢菌可以引起蚕豆镰孢根腐和枯萎病，包括茄镰孢（*Fusarium solani* f. sp. *fabae*）、尖镰孢（*F. oxysporum* f. sp. *fabae*）、燕麦镰孢（*F. avenaceum* f. sp. *fabae*）、轮枝镰孢（*F. verticilioide*）、木贼镰孢（*F. equiseti*）、禾谷镰孢（*F. graminearum*）等，不同地区报道的病原种类及优势病原存

在差异，但以茄镰孢、燕麦镰孢、尖镰孢为主要病原。

3. 侵染循环

病原主要以病株残体上的菌丝、分生孢子座或厚垣孢子在土壤中越夏或越冬，成为第二年初次侵染的主要来源。病株残体上的病原在土壤中喜腐生生活，可以存活 2 年以上。另外，从病田收获的种子、带菌的肥料、耕作农具、灌溉水均可能传病，但不是主要传播途径。病原直接或经伤口侵入主根、侧根的根尖及茎基部，以后病株根部开始发黑，根部皮层被腐蚀，主根心髓变成锈褐色。随着病情的加剧，病原沿茎的中轴向上蔓延，到蚕豆生长后期，可上升到茎的 2/3 部位。蚕豆收获后，病原又随病株残体在土壤中越夏或越冬。田间以结荚期发病较多，现蕾至结荚期为发病盛期。

4. 流行规律

（1）土壤温度、湿度。土壤温度是影响发病的重要因素，土壤温度在 23～27℃时，有利于病原的生长发育。土壤含水量对蚕豆枯萎病的发生也有影响。一般情况下，土壤含水量过低（<30%饱和持水量）或过高（>70%饱和持水量）时，病害发生较重（阮兴业等，1986；李春杰，1994）。当土壤湿度在蚕豆生长的最佳土壤湿度（50%饱和持水量左右）时，病害发展较慢。蚕豆初荚期如遇高温、雨后天晴，极有利于病害发展蔓延。

（2）土壤养分与通透性。土壤中各种营养成分含量对蚕豆枯萎病发生有显著的影响，土壤贫瘠的田块比肥沃田块发病更为严重。周希颐（1989）报道，甘肃省定西市渭源县蚕豆镰孢根腐病发生与土壤中氮、磷失调有关。而云南蚕豆镰孢根腐病的发生与土壤中缺钾有关。土壤通透性是影响蚕豆镰孢根腐病发生的另一因素，紧实的土壤比疏松的土壤发病重。适宜蚕豆生长的土壤容重为 1.0～1.3 克/厘米^3，重病区的土壤容重为 1.45～1.91 克/厘米^3。土壤贫瘠、缺乏肥料、地势低洼、排水不良和连作地发病重，旱田比水田发病重。

（3）线虫。线虫不仅直接危害蚕豆的生长，其对寄主植物的侵染可加重镰孢根腐病病原的侵入与危害，而腐烂渗出物则可增加根对线虫的吸引性。目前，已知根腐线虫（*Pratylenchus* spp.）侵染常常导致镰孢根腐病恶化。俞大绂（1988）在云南的试验也发现了在蚕豆上存在着线虫-燕麦镰刀菌的复合体。

（4）土壤酸碱度。土壤偏酸性，pH 在 6.3～6.7 时，会加重发病。

5. 防治方法

（1）种植抗病或耐病品种。田间观察表明，蚕豆品种间对根腐病或枯萎病的抗性存在差异，如甘肃省临夏回族自治州农业科学院选育的蚕豆品种临蚕 6 号、临蚕 7 号、临蚕 8 号、临蚕 10 号对镰孢根腐病有较强的抗性或耐性。

（2）农业防治。与其他作物轮作 3 年以上，以减少土壤中病原的数量；选择排水好的田块或高垄栽培，合理密植；收获后清除田间病残体并深翻土壤；施用充分腐熟的有机肥、磷肥和钾肥，提高植株抗病力；及时防治害虫，减少植株伤口，减少病原传播途径。

（3）化学防治。用 35％多克福种衣剂进行种子包衣，或用 50％多菌灵可湿性粉剂拌种，25％三唑酮可湿性粉剂、60％噻菌灵可湿性粉剂等杀菌剂拌种可以控制苗期病害。

（4）诱导抗性。吴全聪等（2006）研究发现，从苗期开始间隔 30 天喷施 1 次植物激活蛋白，能显著增强蚕豆对赤斑病、根腐病、病毒病的抗病性，增产率达 26.6％。

（十）蚕豆立枯病

蚕豆立枯病在蚕豆各种植区均有发生。蚕豆各生育阶段均可发病。

1. 症状

蚕豆立枯病主要侵染蚕豆茎基或地下部。茎基染病多在茎的一侧或环茎，致茎变黑。有时病斑向上扩展达十几厘米，干燥时病部凹陷，几周后病株枯死。湿度大时，菌丝自茎基向四周土面蔓延，后产生直径 1～2 毫米、不规则形的褐色菌核。地下部染病后呈灰绿色至绿褐色，主茎略萎蔫，后下部叶片变黑，上部叶片仅叶尖或叶缘变色，后整株枯死，但维管束不变色，叶鞘或茎间常有蛛网状菌丝或小菌核。此外，病原也可危害种子，造成烂种或芽枯，致幼苗不能出土或呈黑色顶枯。

2. 病原

该病为真菌病害，病原为茄丝核菌（*Rhizoctonia solani* Kuhn），属半知菌亚门真菌。菌丝丝状，具分枝，分枝处常有缢缩，初无色，后深褐色，菌丝宽度不等，宽处有 12～14 微米。菌核由筒状细胞结聚形成，初白色，后呈深褐色至黑色，形状不一，常结合成块，直径 1～10 毫米或更大。有性阶段生在深褐色菌丝上，形成灰色子实层，层内混生有担子，其顶 4 个小枝，顶生单个担孢子，担孢子无色透明，卵圆形至椭圆形，大小为（8～13）微米×（4～7）微米。

3. 侵染循环

主要以菌丝和菌核在土中或病残体内越冬。翌春以菌丝侵入寄主，在田间辗转传播蔓延。

4. 流行规律

该病原侵染蚕豆温限较宽，土壤温度 10～28℃均能发生病害，以 16～20℃为最适温度。长江流域 11 月中旬至翌年 4 月发病。土壤过湿或过干、沙土地、徒长苗、温度不适则发病重。该病原寄主范围广，十字花科、茄科、葫芦科、豆科、伞形花科、藜科、菊科、百合科等的多种蔬菜均可被害。

5. 防治技术

（1）农业防治。

①轮作倒茬。种植蚕豆提倡与小麦、大麦等轮作 3～5 年，避免与水稻连作。及时清除植株残留物，深翻晒土，减少病原。

②种子处理。播前用 0.3% 种子重量的 40% 拌种双粉剂或

50％福美双可湿性粉剂拌种，防止种子携带病原，降低苗期发病率。并适时播种，春蚕豆适当晚播，冬蚕豆避免晚播。

③加强田间管理。适时中耕除草、浇水施肥，避免土壤过湿，可增施过磷酸钙，提高植株抗病能力。在蚕豆生长期，适时喷施促花王 3 号抑制主梢旺长，促进花芽的分化；在蚕豆开花前喷施菜果壮蒂灵可强花强蒂，增强授粉质量，提高循环坐果率，促进果实发育，使蚕豆无空壳、无秕粒，丰产优质。

（2）化学防治。蚕豆幼苗期开始，应按"无病早防，有病早治"的要求，喷施针对性药剂 2～3 次或更多次进行防治，隔 7～10 天喷 1 次，喷淋结合，喷匀淋透。常用药剂种类及用量：①58％甲霜灵・锰锌可湿性粉剂 500 倍液喷雾；②75％百菌清可湿性粉剂 600～700 倍液喷雾；③20％甲基立枯磷乳油 1 100～1 200 倍液喷雾；④72.2％霜霉威盐酸盐水溶性液剂 600 倍液喷雾。

（十一）蚕豆菌核病

蚕豆菌核病在世界范围内的报道较少，我国部分南方蚕豆产区时有发生，如江苏、浙江、湖北、上海、重庆等。受害后植株萎蔫、猝倒、死亡，造成严重减产或绝收。

1. 症状

蚕豆菌核病主要侵染成株期蚕豆植株茎部，发病初期，在靠地面茎基部先呈现水渍状褐色病斑，渐变为苍白色，可环绕茎部并向上下蔓延，导致植株上部萎蔫和枯死。空气湿度大时，病部密生白色棉絮状菌丝。被侵染组织软化，后期变干枯和呈灰白色，表皮撕裂，病茎髓部变空，茎秆易折断；在菌丝体内或染病茎腔内产生菌核，初为白色，渐变褐色，最后呈黑色，扁圆形或鼠粪状。在降水多的年份，低洼地和过密田块蚕豆发病严重，在菌核形成过程中，染病的寄主组织逐渐趋向崩溃或腐烂。

2. 病原

在我国引起蚕豆菌核病的病原通常为子囊菌亚门核盘菌属的

核盘菌 [*Sclerotinia sclerotiorum* (Lih.) de. Bary] 和三叶草核盘菌 (*S. trifoliorum* Eriks)，两种病原的寄主十分广泛。前者致病较为普遍，菌核表面黑色，内部白色，鼠粪状。菌核萌发产生单生或几根束生的子囊盘柄，子囊盘漏斗状或杯状，子囊盘柄细或稍宽而长，稍弯曲。子囊盘上层子实层含一层平行排列的子囊，其中间生有侧丝。子囊圆筒形，有 8 个子囊孢子。菌丝不耐干燥，相对湿度在 85％以上才能生长。对温度要求不严，在 0～30℃都能生长，以 20℃最为适宜，适合在低温高湿条件发生。受害蚕豆植株茎上形成的菌核呈圆柱形、鼠粪状或不规则形。

3. 侵染循环

病原以菌核落在土壤里和混在种子中越冬。翌年春天当气温达 15～18℃及空气比较潮湿时，菌核萌发产生子囊盘和子囊孢子，成为田间初侵染源。子囊成熟弹射出子囊孢子，侵染四周植株。病原也可以在土壤表面形成大量菌丝体，然后侵染植株的茎。子囊孢子通过风、气流飞散传播侵染蚕豆植株引发菌核病。

4. 流行规律

该病的病原对水分要求较高，相对湿度高于 85％、温度为 15～20℃时有利于菌核萌发和菌丝生长、侵入及子囊盘产生，相对湿度低于 70％时，病害扩展明显受阻。因此，低温、湿度大或降水多的早春或者晚秋有利于该病发生和流行，菌核形成时间短、数量多。连年种植豆科、葫芦科、茄科和十字花科蔬菜的田块，排水不良的低洼地，偏施氮肥或霜害、冻害条件下发病重。在长江流域，湿度是诱发病害的主要气候因子，早春阴湿多雨的气候容易诱发该病害。该病害大多在蚕豆开花时发生。温暖、高湿的环境条件易造成该病害严重流行。

5. 防治技术

（1）农业防治。

①合理轮作。发病严重的地块，应与禾谷类等非豆科作物进

行 3 年以上轮作，与水稻轮作 1 年即可；避免与苜蓿等豆科作物、马铃薯、油菜、向日葵等相邻或轮作，避免重茬，减少迎茬，可减轻菌核病的发生。

②精选种子。生产用种需从无病田或无病株上留种，确保种子不带病原。

③改进土壤耕作措施。对发病的地块进行深耕，深度不小于 15 厘米，将落入田间的菌核深埋在土壤中，可抑制菌核萌发，减少侵染来源。要及时拔除田间发现的病株，并带出田外深埋或烧毁。

④合理施肥与密植。种植过密或施用氮肥过多，致使植株繁茂、透气性差、湿度增加，促使菌核病的病原萌发。因此，应适当控制氮肥的施用量，增施磷、钾肥，提高植株抗病能力；合理密植，避免种植密度过大，改善田间通风透光条件；及时排除田间积水，降低田间湿度。

（2）化学防治。在发病初期或开花前期，可用药剂防治，药剂种类和用量：①50％多菌灵可湿性粉剂 500 倍液喷雾；②40％菌核净可湿性粉剂 1 000～1 500 倍液喷雾；③50％异菌脲可湿性粉剂 1 000～2 000 倍液喷雾；④50％腐霉利可湿性粉剂 1 000～2 000 倍液喷雾；⑤50％甲基硫菌灵可湿性粉剂 500～700 倍液；⑥50％氯硝胺可湿性粉剂 1 000 倍液或 50％氟啶胺悬浮剂 2 000～2 500 倍液。发病初期开始，每 10～15 天喷 1 次，连喷 2～3 次。

（十二）蚕豆霜霉病

蚕豆霜霉病多发生在我国南方地区，如江苏、浙江、四川、云南等蚕豆产区，一般不造成较大的危害。但是，严重流行时，可导致大量植株顶端枯死，造成严重产量损失。例如，2010 年 3—4 月，江苏南通蚕豆霜霉病严重发生，部分田块发病率达 100％，有 80％以上的植株死亡。

1. 症状

病原可以侵染蚕豆叶、茎和荚。叶片染病初期，首先在上表面出现轮廓不明显的淡黄色斑块，同时在变色区域内夹杂褐色的小斑点和不规则的斑块。叶片变色部分逐渐扩大，有时可达整个叶面。在叶片变色区域的背面，产生浅紫色绒毛状霉层。随着病情的发生，病斑逐渐变为深褐色，最后干枯。顶部幼叶先被侵染，病斑快速扩大，导致整个叶片被侵染，有时顶部的所有叶片和叶柄都被侵染，最后变为深褐色并枯死。

2. 病原

引起蚕豆霜霉病的病原为野豌豆霜霉蚕豆专化型（*Peronospora viciae* f. sp. *fabae*），属于鞭毛菌亚门真菌。孢囊梗从寄主叶片气孔伸出，单生或束生，大小为（250～500）微米×（6～9）微米，分枝4～8次，顶枝大小为（4～20）微米×（2～3）微米；孢子囊椭圆形至短椭圆形，浅黄色，大小为（14～24）微米×（12～21）微米，卵孢子球形，膜黄色，具网状凸起，直径26～40微米。寄主植物有蚕豆、豌豆、野豌豆等。

3. 侵染循环

病原以卵孢子在土壤中或病残体上、种子上越冬。翌年条件适宜时，土壤内的卵孢子萌发产生游动孢子，从子叶内侵入，菌丝向上扩展进入生长点，然后随着生长点向上蔓延，进入芽或真叶，产生系统侵染的病苗。随后产生大量孢子囊及孢子，借风雨传播蔓延，进行再侵染，经多次再侵染引发该病流行。

4. 流行规律

一般雨季气温为20～24℃时发病重。低温和潮湿的气候条件有利于病害流行。

5. 防治技术

（1）农业防治。

①选用抗病品种。各地根据当地气候和品种资源状况，选育和推广抗病品种。从无病田采种，选用无病荚留种。田间调查表明，蚕豆品种间对霜霉病存在明显的抗性差异。例如，2010年，蚕豆品种日本大白皮在江苏南通蚕豆霜霉病严重流行时发病较

轻，而海门大青皮发病严重。

②轮作倒茬。与非寄主作物实行轮作，减少初侵染源。例如，与小麦、水稻等作物实行2年以上的轮作。

③清洁田园。蚕豆成熟收获后，及时将病残体清除出田园，集中烧毁，并及时翻耕土地。

④配方施肥。施用充分腐熟的有机肥，采用配方施肥技术，合理密植，改善田间通风透光条件，使植株生长健壮，提高抗病力。

（2）化学防治。

①种子处理。播种前，用0.3％种子重量的35％甲霜灵拌种剂拌种。

②田间药剂防治。发病初期开始喷洒1∶1∶200倍波尔多液或90％三乙膦酸铝可湿性粉剂500倍液、72％霜脲·锰锌（克抗灵）可湿性粉剂800～1 000倍液。对上述杀菌剂产生抗药性的地区，可改用69％安克·锰锌可湿性粉剂或水分散粒剂1 000倍液、25％嘧菌酯悬浮剂1 000～2 000倍液、80％代森锰锌可湿性粉剂600～800倍液、72％霜霉威盐酸盐水剂700～1 000倍液等，隔10天左右防治1次，连续防治2～3次。

（十三）蚕豆细菌性茎疫病

德国和苏联报道蚕豆有这种细菌病害，病原诱发蚕豆叶片出现灰色病斑和茎秆黑化，并使整个植株腐败。在国内，早在1936年俞大绂先生就发现了这种蚕豆细菌病。1965年、1972年，在云南省昆明市呈贡区曾两次大发生，发病面积达数千亩，几乎全无收成。2000年，黄琼等报道在云南省昆明市晋宁县、呈贡区，大理白族自治州大理市、洱源县、剑川县、弥渡县，保山市、玉溪市，丽江市永胜县，曲靖市会泽县等蚕豆产区发生细菌性茎疫病，造成死苗、花腐、叶坏死、茎枯，严重时全田黑枯像火烧一样，造成严重减产。近年来，该病在长江流域雨后常见，发病率在10％～20％，个别田块达到30％。该病会引起全株死亡，发病率几乎等于损失率。

1. 症状

发病部位多在茎秆、复叶叶柄和叶片基部。一般植株上，中部先发病，茎秆受害开始出现黑色短条斑，水渍状、有光泽，病部时常凹陷，在高湿和高温条件下，病斑迅速扩大、合并、向下方蔓延，病茎变黑软化，呈黏性，收缩成线状，呈典型茎枯状。叶片感病边缘开始变成灰黑色，以后整叶变黑枯死脱落，仅留下枯干黑化的茎端。病原滋生于寄主薄壁组织细胞间隙，维管束最易受害。豆荚受害初期，其内部组织呈水渍状坏死，逐渐变黑腐烂，后期豆荚外表皮也坏死变黑。受害豆粒表面形成黄褐色至红褐色斑点，中间颜色较深。

2. 病原

蚕豆细菌性茎疫病菌〔*Pseudomonas fabae*（Yu）Burkholder〕，属于原核生物界假单胞杆菌属。菌体杆状，大小为（1.1～2.8）微米×（0.8～1.1）微米，单生或对生，无芽孢，有荚膜，1～4 根极生鞭毛，革兰氏染色阴性。菌落圆形，白色，光滑、黏稠，有荧光，好气性，液化明胶，还原硝酸盐，产生吲哚和硫化氢，石蕊牛乳澄清，但不凝固和冻化，水解淀粉的能力极弱，发酵葡萄糖微产酸，但不产气，发酵其他多种糖类，不产酸也不产气。病原生长最适温度为 35℃，最高温度为 37～38℃，最低温度为 4℃，致死温度为 52～53℃。

3. 侵染循环

病原在土壤及病残体上越夏，是秋播蚕豆发病的主要初侵染源。该病以植株地上部的伤口侵入为主，也可从自然孔口侵入，经几天潜育即可发病。病害的发生和流行，与蚕豆生育期以及生长季节中的降水天数和降水量、土壤湿度、土壤肥力有密切关系。雨水、淹水及土壤湿度大，是病原再侵染和传播蔓延的主要途径。

4. 流行规律

（1）温度、湿度。该病适宜在高温高湿条件下发生，春季气温回升快，春雨多的年份常常造成大流行。久旱后突然降大雨，2～3天病害症状即明显表现出来，并迅速蔓延，雨后滞水的田块发生最为严重。

（2）土壤肥力。在地势低洼、排水不良、种植粗放、土壤肥力差的田块发病重，植株受冻、虫伤及其他损伤会加重发病。

（3）品种抗病性。不同蚕豆品种对蚕豆细菌性茎疫病有明显的抗病性差异。云南抗病性鉴定结果表明，在159份种质资源中，免疫的有12份，高抗的有71份，抗病的有39份，感病的有20份，高感的有17份。发病率低于10％的品种有启豆2号、启豆4号、洪都蚕豆、通研1号、宜池小胡豆、临蚕3号、海门大青豆、K0747、K0627等（黄琼等，2000）。

5. 防治技术

（1）农业防治。

①选用抗病品种。一般本地品种较抗病，但大多产量不高或品质较差，各地应根据当地品种资源情况，选育和推广抗病品种。

②合理轮作。蚕豆细菌性茎疫病以土壤传播为初侵染源，蚕豆与小麦、油菜、水稻合理轮作可有效减少病原。此外，建立无病留种田，可防止种子带病传播。

③做好农田基础设施建设。建好排灌系统，高垄栽培，雨季注意排水，降低田间湿度。一般雨后排水良好的田块发病较轻。

④加强栽培管理，合理施肥。对发病重的田块施硫酸钾10～15千克/亩、硫酸锌1～2千克/亩；初花期、初荚期喷2次硼肥。在低洼田内，勿密植；加强栽培管理，注意防治各类病虫害。发现病株后及时拔除中心病株，减少再侵染，控制病害蔓延。

（2）化学防治。发病田块在初花期和初荚期需喷药防治，尤其是在大暴雨过后及时喷药保护。可用药剂种类及用量如下：①72％农用链霉素可溶性粉剂3 000～4 000倍液喷雾；②47％春雷霉素·氧氯亿铜（加瑞农）可湿性粉剂 800～1 000 倍液喷雾；③50％琥胶肥酸铜可湿性粉剂 500～600 倍液喷雾；④14％络氨铜水剂 300～500 倍液喷雾；⑤77％氢氧化铜可湿性粉剂 500～800 倍液喷雾。

第二节　蚕豆主要虫害及其防治

一、蚜虫

世界上危害蚕豆的蚜虫有许多种，在我国主要有豆蚜、桃蚜、蚕豆蚜、豌豆蚜等，分类上属同翅目蚜总科。在全国各地均有分布。蚜虫的成虫和若虫刺吸嫩叶、嫩茎、花及豆荚的汁液，使生长点枯萎，叶片卷曲、皱缩、发黄，嫩荚变黄，造成植株生长不良，直至枯萎死亡。蚜虫能以半持久或持久方式传播病毒，是蚕豆多种病毒最重要的传毒介体。

1. 豆蚜

（1）形态特征。无翅胎生蚜，体长 2 毫米左右，体肥胖黑色、浓紫色或墨绿色，具光泽，中额瘤和额瘤稍隆；触角 6 节，第一节、第二节和第五节末端及第六节黑色，其余黄白色；腹管长圆形，末端黑色；尾片黑色，圆锥形，两侧各有长毛 3 根。有翅胎生蚜，体长 1.6～1.8 毫米，翅展 5～6 毫米；虫体黑绿色或黑褐色，有光泽；触角 6 节，第一节、第二节黑褐色，第三节至第六节黄白色，节间褐色，第三节有感觉圈 4～7 个，排列成行；腹管较长，末端黑色。

（2）生物学特性。一年发生 20～30 代，完成一代需 4～17天，冬季在蚕豆上取食。每年以 5—6 月和 10—11 月发生较多，适宜豆蚜生长、发育和繁殖的温度为 8～35℃；最适宜环境温度为 24～26℃，相对湿度为 60％～70％，此时，每头无翅胎生蚜可产若蚜 100 余头。在 12～18℃条件下，若虫历期 10～14 天；在 22～26℃条件下，若虫历期仅 4～6 天。豆蚜对黄色有较强的趋性，对银灰色有避忌习性，且具有较强的迁飞和扩散能力。

（3）防治方法。

①农业防治。保护地可采用高温闷棚法，在5—6月作物收获以后，用塑料膜将棚室密闭4～5天，消灭其中的虫源。

②化学防治。喷施10%吡虫啉可湿性粉剂2 500倍液、50%抗蚜威可湿性粉剂2 000倍液、2.5%高效氟氯氰菊酯乳油2 000倍液。

2. 桃蚜

（1）形态特征。无翅孤雌蚜，体长约2.6毫米，宽1.1毫米；虫体有黄绿色、洋红色；腹管长筒形，是尾片的2.37倍；尾片黑褐色，尾片两侧各有3根长毛。有翅胎生雌蚜，体长1.6～2.1毫米；头胸部、腹管、尾片均为黑色，腹部色泽变异较大，有淡绿色、黄绿色、红褐色至褐色；卵长椭圆形，初淡绿色后变黑色。

（2）生物学特性。北方一年发生20～30代，生活周期类型属乔迁式；南方一年发生30～40代。在北方，桃蚜卵在桃、李、杏等越冬寄主的芽侧、枝干裂缝、小枝杈等处越冬；春季，卵孵化后群集于嫩芽危害；寄主叶片展开后迁移至叶背和嫩梢上危害、繁殖，陆续产生有翅胎生雌蚜并向苹果、杂草及各种田间作物寄主上迁飞扩散；5月上旬为繁殖高峰期，田间危害最重，并产生有翅蚜和有性蚜，交尾产卵越冬。

（3）防治方法。

①生物防治。保护和利用天敌。

②农业防治。清除虫源植物，播种前和生产中要清除田间及周边的杂草；加强田间管理，创造湿润而不利于蚜虫滋生的田间小气候。

③物理防治。利用蚜虫的趋黄性，采用黄板诱蚜杀灭迁飞的有翅蚜。

④化学防治。要重视早期防治，用种子重量0.4%的10%吡

虫啉可湿性粉剂处理种子，可以有效地控制前期蚜虫的危害。在蚜虫发生初期，喷施10%吡虫啉可湿性粉剂2 500倍液、50%抗蚜威可湿性粉剂2 000倍液、20%康福多浓乳油4 000倍液或2.5%高效氟氯氰菊酯乳油2 000倍液。喷雾防治的用药间隔期为7～10天，连续用药2～3次。

二、美洲斑潜蝇

美洲斑潜蝇（*Liriomyza sativae* Blanchard），属于双翅目潜蝇科斑潜蝇属，是世界上发生最为严重和危险的多食性斑潜蝇之一。20世纪90年代进入我国后严重暴发，除青海、西藏、黑龙江外，我国各省份均有发生。

1. 形态特征

成虫体型较小，体长1.3～2.3毫米，头部黄色，眼后眶黑色，中胸背板黑色光亮，中胸侧板大部分黄色；体腹面黄色，雌虫体比雄虫大。足黄色；卵米色，大小为（0.2～0.3）毫米×（0.10～0.15）毫米，半透明；幼虫蛆状，初孵时半透明，后为鲜橙黄色，长3毫米；蛹椭圆形，橙黄色，腹面稍扁平，大小为（1.7～2.3）毫米×（0.50～0.75）毫米。

2. 生物学特性

世代周期随温度的变化而变化：15℃时，约54天；20℃时，约16天；30℃时，约12天。成虫具有趋光、趋绿特性，对黄色趋性更强。成虫吸取植株叶片汁液；卵产于植物叶片的叶肉中；初孵幼虫潜食叶肉，主要取食栅栏组织，并形成隧道，隧道端部略膨大；老龄幼虫咬破叶片爬出隧道外化蛹。主要随寄主植物的叶片、茎蔓传播。

寄主植物达110余种，其中茄科和豆科受害最重。幼虫和成虫危害叶片，幼虫取食叶片正面叶肉，形成先细后宽的蛇形弯曲虫道或蛇形盘绕虫道；成虫在叶片正面取食和产卵，剖伤叶片细胞，形成针尖大小的近圆形刺伤"孔"。幼虫和成虫危害叶片可达 10%～80%，幼虫和成虫通过取食还可传播病害，特别是传播某些病毒病。美洲斑潜蝇对农药产生抗性快。

3. 防治方法

（1）农业防治。考虑种植布局，栽培地远离瓜类、茄果类等蔬菜地。在虫害发生高峰时，摘除带虫叶片销毁。依据其趋黄习性，利用黄板或灭蝇纸诱杀成虫。

（2）生物防治。放寄生蜂防治，在不用药的情况下，寄生蜂的天敌寄生率可达 50%以上。

（3）化学防治。刚发现幼虫时（叶片可见 1～2 头），及时选用具有内吸、触杀作用的杀虫剂，如阿维菌素、甲氨基阿维菌素苯甲酸盐等（按所购药品的标准剂量施用）进行叶面喷雾，隔 7～10 天喷 1 次，连续喷 3～5 次。

三、南美斑潜蝇

南美斑潜蝇（*Liriomyza huidobrenisis*），属于双翅目潜蝇科，别名拉美斑潜蝇。主要分布于云南、贵州、四川、青海、山东、河北、北京等省份，其中在云南蚕豆上危害严重。该虫成虫通过产卵器刺透叶片表皮，将卵产在叶片组织中。孵化后的幼虫在叶片上、下表皮之间潜食叶肉组织，嗜食中肋、叶脉，取食后在叶片上形成透明空斑。幼虫常沿叶脉取食而形成潜道，并可取食叶片下层的海绵组织。从叶表面观察，潜道常不完整，这是有别于美洲斑潜蝇的潜道特征。

1. 形态特征

南美斑潜蝇成虫翅长 1.7～2.2 毫米，中室较大；头内外顶鬃均着生在暗处；中胸背板黑色稍亮，后角具黄斑，中鬃散生呈不规则 4 行；足基节黄色具黑纹，腿节具黑色条纹直到几乎全黑色，胫节、跗节棕黑色。幼虫体白色，后气门突具 6～9 个气孔开口；蛹初期呈黄色，逐渐加深直至呈深褐色，比美洲斑潜蝇颜色深且体型大。

2. 生物学特性

南美斑潜蝇在云南中部地区全年有 2 个发生高峰，即 3—4 月和 10—11 月。这两个时期平均气温为 11～16℃，最高温度不超过 20℃，有利于南美斑潜蝇的发生。5 月气温升至 30℃ 以上时，虫口密度下降，6—8 月雨季阶段虫量也较低，12 月至翌年 1 月的月平均气温为 7.5～8℃，最低温度为 1.4～2.6℃，该虫仍能活动危害；在北方地区，害虫主要发生在 6 月中下旬至 7 月中旬，占潜叶蝇总量的 60%～90%，是这一时期田间潜叶蝇的优势种。

3. 防治方法

（1）检疫措施。严格检疫，防止南美斑潜蝇向其他未发生地区蔓延。

（2）农业防治。清洁田园，恶化南美斑潜蝇的生存条件，初春可重点控制一代虫源。及时清除田间、地头杂草，可有效减少或消灭虫源，降低危害率。

（3）物理防治。由于南美斑潜蝇的成虫具有趋黄色习性，利用黄板诱杀能起到较好的防治作用。对于种植蚕豆的大田，如果条件允许，可采取覆盖塑料薄膜或深翻土再覆盖塑料薄膜的方式，使地温超过 60℃，从而达到高温杀灭的目的。

（4）化学防治。在受害作物单叶片有幼虫 5 头时，掌握在幼虫 2 龄前，在 8∶00—11∶00 露水干后，喷施兼具内吸和触杀作用的杀虫剂，隔 7～10 天喷 1 次，连续喷 2～3 次。建议选用具有强触杀或内吸作用的阿维菌素、氟氯氰菊酯、高效氯氰菊酯、吡虫啉、灭蝇胺等，对南美斑潜蝇具有较强的持续杀虫作用，能起到很好的防治效果。

四、豆秆黑潜蝇

豆秆黑潜蝇（*Melanagromyza sojae*），属于双翅目潜蝇科。别名豆秆蝇，广泛分布于我国各地，在青海、甘肃、四川对蚕豆生产有影响。幼虫通过叶脉、叶柄进入蚕豆的主茎、根和侧枝的髓部取食危害。植株髓组织受害后导致上部叶片逐渐黄化，叶缘变褐并逐渐向下扩展，可导致叶片枯死脱落，甚至造成植株死亡。

1. 形态特征

豆秆黑潜蝇成虫体长约 2.5 毫米，黑色，具蓝绿光泽，复眼暗红色，中缘脊窄，线状，触角芒长为触角的 3 倍，上仅具绒毛。平衡棒黑色。中足胫节后鬃 1～3 根，胫端鬃缺。末龄幼虫体长 3～4 毫米，口咽器黑色，口沟端齿尖锐，下缘有一齿。前气门呈冠状突起。

2. 生物学特性

该虫在黄河流域一年发生 5 代、浙江 6 代、福建 7 代、广西 13 代。以蛹在寄主根茎或秸秆中越冬。黄河流域第一代幼虫盛发期在 7 月上旬，主要危害春播大豆和其他豆科植物。第一代成虫盛发期在 7 月下旬。成虫飞翔能力差，以 8：00—10：00 活动最盛。25～30℃为取食、交配和产卵的适温。卵多产在中上部叶背主脉基部附近的表皮下，每个雌虫产卵 7～9 粒。

3. 防治方法

（1）农业防治。适时早播，增施基肥，轮作换茬，选用苗期早发品种。

（2）化学防治。应在成虫盛发期至幼虫蛀食之前进行。在主要危害世代的成虫发生初期，每日清晨 6：00—8：00 在蚕豆田捕捉成虫，在成虫达到防治指标时进行防治。可选用 75％灭蝇胺可湿性粉剂 5 000 倍液、2.5％高效氟氯氰菊酯乳油 3 000 倍液、10％吡虫啉可湿性粉剂 15～20 克/亩、1.8％阿维菌素乳油 3 000 倍液或 2.5％氯氟氰菊酯乳油 4 000 倍液。

五、夜蛾类害虫

危害蚕豆的夜蛾类害虫主要有甘蓝夜蛾（*Mamestra brassi-*

cae Linnaeus）、甜菜夜蛾（*Spodoptera exigua* Hubner）和斜纹夜蛾（*Spodoptera litura* Fabricius），属于鳞翅目夜蛾科的不同种。

1. 甘蓝夜蛾

别名菜夜蛾，在我国各地均有分布。甘蓝夜蛾食性极杂，已知寄主达 45 科 100 余种。有间歇性、局部暴发的特点，以幼虫啃食叶片危害。

（1）形态特征。成虫体长 1.5～2.5 厘米，体、翅灰褐色，复眼黑紫色，前足胫节末端有巨爪。前翅中央位于前缘附近内侧有一灰黑色的环状纹，后翅灰白色，外缘一半黑褐色。卵半球形，上有放射状的 3 条纵棱；初产时黄白色，孵化前变紫黑色。幼虫体色因龄期不同而异，初孵化时，体色稍黑，全体有粗毛；到 4 龄时体色灰黑，各体节线纹明显。蛹长 20 毫米左右，赤褐色，臀棘较长，深褐色，末端着生 2 根长刺，到末端膨大呈球状，似大头针。

（2）生物学特性。

①生活习性。甘蓝夜蛾昼伏夜出，对黑光灯、糖醋液有较强的趋向性。营养充足时产卵量高，产卵的适宜温度为 21.8～25.2℃，温度过高或过低时，产卵量下降，产卵喜好在叶冠茂密的环境下。一般平均气温为 18～25℃、相对湿度为 70%～80% 时，最适宜甘蓝夜蛾的生长发育。

②发生规律。甘蓝夜蛾以蛹于寄主作物田土中越冬，入土深度以 7～10 厘米最多。一般气温在 15～16℃时越冬蛹羽化出土，交配产卵。幼虫发育最适温度为 20～24℃。4 龄以后，白天多隐藏在叶背或寄主根部附近的表土中，夜间出来取食，此时食量最大，龄期最长，危害最重。食物缺乏时，可成群迁移。

2. 甜菜夜蛾

甜菜夜蛾是一种世界性分布、间歇性大发生的杂食性害虫，以幼虫啃食叶片甚至剥食茎秆皮层危害。

（1）形态特征。幼虫体色变化很大，有绿色、暗绿色、黄褐色、黑褐色等，腹部体侧气门下线为明显的黄白色纵带，有时呈粉红色，带的末端直达腹部末端。成虫体灰褐色。前翅中央近前缘外方有肾形斑1个，内方有圆形斑1个。后翅银白色。卵圆馒头形，白色，表面有放射状的隆起线。蛹长10毫米左右，黄褐色。

（2）生物学特性。一年发生6～8代，高温、干旱年份更多，常与斜纹夜蛾混发。大龄幼虫有假死性，白天潜于植株下部或土缝，傍晚爬出取食危害，老熟幼虫入土吐丝化蛹。可成群迁移。成虫昼伏夜出，有强趋光性。

3. 斜纹夜蛾

别名莲纹夜蛾、莲纹夜盗蛾，是一种暴食性和杂食性害虫。世界性分布，我国除青海、新疆未查明外，其他各省份都有发生。该虫主要以幼虫危害全株，初孵幼虫群集取食，3龄前仅取食叶片的下表皮和叶肉，残留上表皮和叶脉，使被害叶片呈现网状，3龄后分散危害叶片、嫩茎，老龄幼虫可蛀食果实。严重时可将全田作物吃光。

（1）形态特征。斜纹夜蛾成虫体长14～20毫米，翅展35～40毫米；头、胸、腹部均深褐色，胸部背面有白色丛毛，腹部前数节背面中央具暗褐色丛毛；前翅灰褐色，内横线及外横线灰白色、波浪形，中间有白色条纹，在环状纹与肾状纹间，自前缘向后缘外方有3条白色斜线，故名斜纹夜蛾；后翅白色，无斑纹；卵初产黄白色，后转为淡绿色，孵化前呈紫黑色。老熟幼虫体长35～47毫米，头部黑褐色，腹部体色因寄主和虫口密度不同而异，有土黄色、青黄色、灰褐色或暗绿色；蛹长15～20毫米，赭红色，臀棘短，有一对强大而弯曲的刺，刺的基部分开。幼虫共6龄，幼虫取食植物的叶片，初孵幼虫取食后形成透明的网状叶，易于识别；3龄后分散危害叶片、嫩茎，老龄幼虫可蛀食果实；4龄后进入暴食期，间歇性暴发危害。白天多潜伏在土缝处，傍晚爬出取食，幼虫可成群迁移至附近田块危害，又称为"行军虫"，是一种危害性很大的害虫。老熟幼虫在1～3厘米表土内筑土室化蛹。

（2）生物学特性。一年发生4～9代。以蛹在土中或以老熟幼虫在枯叶、杂草中越冬。不耐低温，长江以北地区大多不能越冬。发育最适温度为28～30℃，一般高温年份和季节有利于其发育、繁殖，低温则易导致虫蛹大量死亡。幼虫遇惊会蜷缩作假死状。成虫有强烈的趋光性和趋化性，黑光灯的诱蛾效果明显优于普通灯。成虫对糖醋酒液等有趋性。卵多产于高大、茂密、浓绿的边际作物上，以植株中部叶片背面叶脉分叉处最多。

4. 防治方法

（1）农业防治。

①清洁田园。收获后翻耕晒土或灌水，清除杂草，以破坏或恶化夜蛾类害虫的化蛹场所。

②减少虫源。摘除卵块和群集危害的初孵幼虫，以减少虫源。

（2）物理防治。

①点灯诱蛾。于盛发期点黑光灯诱杀害虫。

②糖醋酒液诱杀。利用成虫趋化性配制糖醋酒液（糖∶醋∶酒∶水＝3∶4∶1∶2）加少量杀虫剂诱杀夜蛾类害虫。

（3）化学防治。挑治或全面治交替喷施，可选用50%高效氯氰菊酯乳油1 000倍液加50%辛硫磷乳油1 000倍液，或21%氰戊·马拉硫磷（增效）乳油6 000～8 000倍液，或20%虫酰肼悬浮剂1 000～1 500倍液，喷药应在傍晚进行，隔7～10天喷1次，连续喷2～3次。

六、花蓟马

花蓟马（*Frankliniella intonsa* Trybom），属于缨翅目蓟马总科。别名台湾花蓟马，基本全国各省份均有分布。寄主包括棉花、甘蔗、稻、豆类及多种蔬菜。成虫、若虫喜群集在花内取食危害，花器、花瓣受害后白化，经日晒后变为黑褐色，受害严重的花朵萎蔫。叶片受害后呈现褪绿或黄色的不规则小斑点、银白色条斑，叶片皱缩不平展，严重的枯焦萎缩；蚕豆荚受害后产生许多大小不一的疱凸，凸起物表皮开裂后呈黑色。

1. 形态特征

花蓟马雌虫体长 1.3～1.4 毫米；体棕色，头、胸部色略淡，触角第三节至第五节基部橙黄色，其余各节均为棕色；头短于前胸；单眼间鬃粗长，着生于前、后单眼中心连线上；触角 8 节，第三节、第四节具叉状感觉锥；前胸前缘角鬃长于前缘长鬃，后缘角具 2 对长鬃，后缘鬃 4 对；中胸盾片满布横线纹，后胸盾片前缘具 4 根长鬃；雄虫较雌虫小，黄色。腹板第三节至第七节有近似哑铃形的腺域。

2. 生物学特性

该虫在南方地区一年发生 11～14 代，在华北和西北地区一年发生 6～8 代。在 20℃ 恒温条件下完成一代仅需 20～25 天。以成虫在枯枝落叶层、土壤表皮层中越冬。翌年 4 月中下旬出现第一代。10 月中旬成虫数量明显减少。10 月下旬至 11 月上旬进入越冬期。花蓟马世代重叠严重。成虫羽化后 2～3 天开始交配产卵，全天均可进行。卵单产于花组织表皮下。在云南，2—3月是花蓟马危害蚕豆的主要时期，而在北方地区，6—7 月是花蓟马危害蚕豆的高峰期。

3. 防治方法

幼苗出土前喷洒杀虫剂，进行一次预防性防治，可压低虫口基数，减少迁移。开花初期观察，在花蓟马危害高峰期，即每株 15 头左右时施药。选用 10% 吡虫啉可湿性粉剂 2 000 倍液、10% 虫螨腈乳油 2 000 倍液、1.8% 阿维菌素乳油 4 000 倍液。此外，可选用 10% 吡虫啉可湿性粉剂，每亩 2 克兑水 60 千克后喷雾。

七、大青叶蝉

大青叶蝉（*Cicadella viridis*），属于同翅目叶蝉科。别名青大叶蝉、大浮尘子、菜蚱蜢。广泛分布于全国各地。该虫以成虫和若虫危害蚕豆叶片，刺吸汁液，造成叶片畸形、卷缩，甚至全叶枯死。此外，还可传播病毒病。

1. 形态特征

大青叶蝉成虫体长 7～10 毫米，体色为青绿色，头部橙黄色；前胸背板深绿色，前缘黄绿色，前翅蓝绿色，后翅及腹背黑褐色；足 3 对，善跳跃；卵为长卵形，一端略尖，中部稍凹，常以 10 粒左右排在一起；若虫初期为黄白色，头大腹小，胸、腹部背面看不见条纹，3 龄后为黄绿色，并出现翅芽；老龄若虫体长 6～7 毫米。

2. 生物学特性

一年发生多代，江西 13 代，北京 3 代。以卵越冬。翌年春季孵化后，若虫在杂草及其他作物上群集危害。成虫喜在蚕豆叶片背面危害，刺吸汁液。成虫具有趋光性，中午活动频繁。危害期一般为 25～35 天，每头成虫可产卵 30～70 粒，越冬卵期一般为 160 天。

3. 防治方法

（1）生物防治。饲养或保护天敌，如人工饲养和释放赤眼蜂、叶蝉柄翅小蜂等寄生蜂。

（2）物理防治。对于重发区，可在发生期利用成虫的趋光性进行黑光灯诱杀。

（3）化学防治。在成虫发生高峰期喷施，可选择的药剂包括 50％异丙威可湿性粉剂 1 000 倍液或 10％吡虫啉可湿性粉剂 2 500 倍液等。

八、绿芫菁

绿芫菁（*Lytta caraganae*），属于鞘翅目芫菁科。别名金绿芜菁、青虫、相思虫、青娘子。主要分布于黑龙江、吉林、辽宁、内蒙古、宁夏、甘肃、河北、北京、山西、山东、河南、江苏、安徽、浙江、湖北、江西等地，其中在河北北部严重危害蚕豆。该虫以成虫取食植物叶片，严重时可将叶片吃光。

1. 形态特征

绿芜菁成虫体长 11.5～17.0 毫米；体金属绿色或蓝绿色，鞘翅有铜红色光泽；头部额中间有一橙红色小斑；触角约为体长的1/3，第五节至第十节念珠状；前胸背板光滑，两前侧角向外上方隆起，鞘翅上有细小刻点和细皱纹。雄虫前、中足第一跗节基部细，腹面凹入，端部膨大，呈马蹄形；中足腿节基部腹面有1根尖齿。雌虫前足及中足无上述特征。

2. 生物学特性

一年发生1代，以幼虫在土中越冬。翌年化蛹，5—8月出现成虫，有假死性和群集性，卵产于土中，幼虫生活于土中，以蝗虫卵等为食。

3. 防治方法

（1）农业防治。根据绿芜菁越冬习性，秋收后深翻蚕豆田，利用冬季低温杀灭部分幼虫；根据成虫群集危害习性，可在清晨用网捕捉成虫，集中杀灭。

（2）药剂防治。喷施 2.5％溴氰菊酯乳油 8 000～10 000 倍液、50％辛硫磷乳油 1 500～2 000 倍液、20％氰戊菊酯乳油 2 000 倍液或 2.5％氯氟氰菊酯乳油 4 000 倍液杀灭成虫。

九、中华弧丽金龟

中华弧丽金龟（*Popillia quadriguttata*），属于鞘翅目丽金龟科。别名四纹丽金龟、四斑丽金龟。分布于黑龙江、吉林、辽宁、内蒙古、宁夏、甘肃、陕西、河北、河南、山东、山西、江苏、安徽、浙江、云南、贵州、湖北、广东、广西、台湾等省份。以成虫群集取食叶片，造成不规则缺刻或孔洞，严重的仅残留叶脉，有时食害花或果实；幼虫危害地下组织，将根或靠近地面的茎咬断。

1. 形态特征

中华弧丽金龟为小型甲虫，椭圆形。成虫体长 7.5～12.0 毫米，宽 4.5～6.5 毫米。体色一般为深铜绿色，有光泽。鞘翅浅褐色或草黄色，四周常呈深褐色，足与体色相同或黑褐色。臀板基部具白色毛斑 2 个，腹部第一节至第五节腹板两侧各具白色毛斑 1 个，由密细毛组成。触角 9 节，鳃叶状，棒状部由 3 节构成，雄虫大于雌虫。小盾片三角形，前方呈弧状凹陷。足短粗；前足胫节外缘具 2 齿，端齿大而钝，内方距位于第二齿基部对面的下方。幼虫头部赤褐色，体乳白色。头部前顶刚毛每侧 5～6 根成一纵列；后顶刚毛每侧 6 根，其中 5 根成一斜列。

2. 生物学特性

一年发生 1 代，多以 3 龄幼虫在 30～80 厘米土层内越冬。春季上移至表土层危害植株根系；6 月老熟幼虫开始化蛹，蛹期 8～20 天；成虫在 6 月中下旬至 8 月下旬羽化，成虫白天活动，7 月是中华弧丽金龟危害盛期；成虫飞行力强，具假死性，晚间入土潜伏，无趋光性；成虫出土 2 天后取食，危害一段时间后交尾产卵，卵散产在 2～5 厘米土层里，每雌虫可产卵 20～65 粒；7 月中旬至 8 月上旬为产卵盛期，卵期 8～18 天。幼虫危害至秋末达 3 龄时，钻入深土层越冬。

3. 防治方法

（1）农业防治。在深秋或初冬翻耕土地，可杀灭 15％～30％越冬幼虫；与其他作物轮作；避免施用未腐熟的厩肥；合理施肥，碳酸氢铵、腐殖酸铵、氨水等散发出的氨气对地下幼虫有一定的驱避作用；合理灌溉，创造不适于幼虫蛴螬生活的环境。

（2）化学防治。成虫数量较多时，喷施 50％辛硫磷乳油 1 500 倍液、25％爱卡士乳油 1 500 倍液、10％吡虫啉可湿性粉剂 1 500 倍液，杀灭成虫。对于幼虫防治，采用 50％辛硫磷乳油每亩 200～250 克，加水稀释 10 倍后喷在 25～30 千克细土上拌匀制成毒土，顺垄条施，随即浅锄，或将该毒土撒于种沟、地面，随即耕翻或混入厩肥中施用；用 2% 甲基异柳磷粉剂每亩 2～3 千克拌细土 25～30 千克制成毒土；5% 辛硫磷颗粒剂或 5% 地亚农颗粒剂，每亩 2.5～3 千克处理土壤。

十、地老虎

地老虎属于鳞翅目夜蛾科。包括小地老虎、大地老虎和黄地老虎等，是危害最重的地下害虫之一。其中，危害蚕豆的主要是小地老虎，以幼虫将幼苗近地面的茎部咬断，使整株死亡，造成缺苗断垄。成虫从虫源地区交错向北迁飞危害。成虫产卵多在土表、植物幼嫩茎叶上和枯草根际处，散产或堆产。高温和低温均不适于地老虎生存、繁殖。成虫盛发期遇适量降水或灌水常大发生。

1. 形态特征

成虫体长 16～23 毫米，翅展 42～54 毫米；前翅深褐色，由内横线、外横线将全翅分为 3 段，具有显著的肾状斑、环形纹、棒状纹和 2 个黑色剑状纹，后翅灰色无斑纹；卵半球形，表面具纵横隆纹，初产乳白色，后出现红色斑纹，孵化前灰黑色；幼虫体长 37～47 毫米，灰黑色，体表布满大小不等的颗粒，臀板黄褐色，具 2 条深褐色纵带。

2. 生物学特性

一年发生代数由北至南不等，黑龙江 2 代，北京 3～4 代，江苏 5 代。成虫夜间活动、交配产卵，卵产在 5 厘米以下矮小杂草上，尤其喜在贴近地面的叶背或嫩茎上产卵。成虫对黑光灯及糖醋酒液等趋性较强。幼虫共 6 龄，3 龄前在地面、杂草或寄主幼嫩部位取食；3 龄后昼伏在表土中，夜间外出危害，能自相残杀。老熟幼虫有假死习性，受惊后缩成环形。

3. 防治方法

（1）农业防治。春季清除田间地边杂草，消灭卵和幼虫；采用糖醋酒液诱杀，可用红糖或代用品 60 份、酒 10 份、水 100 份，加 90％以上敌百虫原药 1 份，按比例配成，每 3～5 亩放置 1 盆进行毒杀。

（2）物理防治。黑光灯诱杀成虫。

（3）化学防治。小地老虎 1～3 龄幼虫期抗药性差，可喷施 20％氰戊菊酯乳油 3 000 倍液、10％溴氰•马拉硫磷乳油 2 000 倍液、90％敌百虫原药 800 倍液进行防治。

十一、豆象

豆象是鞘翅目叶甲总科豆象科昆虫的通称。约 1 000 种，分布于世界各地。我国有 40 多种。该科昆虫主要危害豆科植物的种子。大多数科类在野外，部分在仓库内生活。在气温较高的地区和仓库内，能全年繁殖，危害蚕豆的豆象主要是蚕豆象、绿豆象、菜豆象和四纹豆象。

1. 蚕豆象

蚕豆象（*Bruchus rufimanus* Boheman）属于鞘翅目豆象科。除西藏、黑龙江、吉林、辽宁、新疆、青海等省份外，广泛分布于我国其他蚕豆产区，该虫以幼虫在蚕豆种子内食害子叶部分。被害新鲜豆粒和皮外部显现小黑点，为幼虫蛀入点。收获后，幼虫在豆内食害，最终形成空洞，表皮变黑色或赤褐色，食用时有苦味，影响蚕豆产量、品质和发芽率。

（1）形态特征。成虫体长 4～5 毫米，体宽略超过体长的 1/2，椭圆形，黑色；触角基部 4 节；上唇与前足浅褐色；头部点刻密；着生黄褐色与淡黄色毛。前胸背板宽，后缘中叶有 1 个三角形白色毛斑，前端中间与两侧各有 1 个白色毛斑，两侧中间有 1 个向外的钝齿；小盾片近方形，后缘凹。鞘翅具小刻点，被褐色或灰白色毛，各有 10 条纵纹，近翅缝向外缘有灰白色毛点形成的横带，左右鞘翅的白斑组成 M 形斑纹。臀板中间两侧有 2 个不明显的斑点。腹部腹板两侧各有 1 个灰白色毛斑。后足腿节近端部外缘有 1 个短而钝的齿。卵长 0.4 毫米，椭圆形，一端略尖，乳白色半透明。幼虫体长约 6 毫米，乳白色，有红褐色背线。蛹长约 5 毫米，椭圆形，淡黄色，前胸两侧各具一个不明显的齿状突起。

（2）生物学特性。在我国一年发生 1 代，以成虫在豆粒内、仓库荫蔽处越冬，也有少数在田间遗株或土下越冬的。翌年南方在 3—4 月、北方在 5—6 月蚕豆开花前后，成虫飞往田间交尾产卵，盛期多在蚕豆初荚期，卵散产在嫩青荚上，每头雌成虫产卵 35～40 粒，每荚产 2～6 粒，以豆株 25 厘米以上较大而嫩的豆荚上着卵最多。卵期 7～12 天。幼虫孵化后即蛀入豆荚，幼虫期平均为 110 天，5 月下旬至 7 月上旬是盛发期。7 月中旬幼虫开始老熟，在豆粒内化蛹，8 月为化蛹盛期，蛹期平均 14 天左右。8 月上旬至 9 月下旬羽化，成虫寿命长达 230 天左右。

2. 绿豆象

绿豆象（*Callosobruchus chinensis*），属于鞘翅目豆象科。别名中国豆象、小豆象、豆牛。广泛分布于全国各地，在西南地区的云南、四川严重危害蚕豆。该虫以幼虫蛀荚，食害豆粒，或在仓库内蛀食储藏的豆粒，虫蛀率为 20%～30%，甚至达 80%～100%。

（1）形态特征。成虫体形为长椭圆形，长 3～4 毫米，宽 1.5～2.0 毫米。体色不一，有淡色型和暗色型之分，但数目较多的是背面颜色大部分为褐色的淡色型绿豆象。复眼大，突出。触角 11 节，雄虫的触角为梳状，雌虫的触角为锯齿状，容易识别。前胸背板的前缘较后缘窄许多，略呈三角形，后缘中叶有 1 对被白色毛的瘤状突起，中部两侧各有一个灰白色毛斑。小盾片被灰白色毛。臀板被灰白色毛，近中部与端部两侧有 4 个褐色斑。后足腿节端部内缘有 1 个长而直的齿，外端有 1 个端齿。腹部第二腹板至第五腹板两侧有浓密的白色毛带。卵长约 0.6 毫米，宽约 0.3 毫米，椭圆形，稍扁平；淡黄色，半透明，略有光泽。幼虫长约 3.6 毫米，肥大弯曲，乳白色，多横皱纹。老熟幼虫长约 3 毫米，乳白色，肥胖，两端弯向腹面而呈弓状。蛹长 3.4～3.6 毫米，椭圆形，黄色，头部向下弯曲，足和翅痕明显。

（2）生物学特性。在我国，绿豆象从北至南可发生 4～12 代，成虫与幼虫均可越冬。在北京室内自然温度下，绿豆象每年可发生 7 代。世代重叠较重，越冬代幼虫于翌年 4 月下旬开始羽化直到 5 月下旬结束；其后第一代至第六代成虫发生期分别在 5 月上旬至 5 月下旬、6 月中旬至 7 月中旬、7 月下旬至 8 月下旬、8 月下旬至 9 月下旬、9 月上旬至 10 月上旬、10 月上旬至 11 月上旬；第七代幼虫在 10 月中下旬开始孵化，并以此代幼虫在豆粒内危害，到 11 月中旬开始逐渐越冬。绿豆象各代在北京室内以 7 月下旬至 9 月下旬的第三代至第五代发生量最大，危害也最重。成虫可在仓库内豆粒上或田间豆荚上产卵，每雌虫可产卵 70～80 粒。成虫善飞翔，并有假死习性。幼虫孵化后即蛀入豆荚豆粒。

3. 菜豆象

菜豆象（*Acanthoscelides obtectus* Say），属于鞘翅目豆象科三齿豆象属，是我国对外检疫的一种危险性害虫，主要借助被侵染的豆粒通过贸易、引种和运输工具等进行传播，卵、幼虫、蛹和成虫均可被携带。菜豆象是多种菜豆和其他豆类的重要害虫，幼虫在豆粒内蛀食，对储藏的食用豆类造成严重危害。

（1）形态特征。成虫体长 2.0～4.5 毫米，近长椭圆形。头、胸部黑色，被灰黄色绒毛。触角锯齿状，第一节至第四节和末节橘红色，其余褐色至黑色。鞘翅黑色，端缘红褐色，被灰黄色或金黄色毛，其亚基部、中部及端部散生呈方形和无毛的黑斑。后足腿节内侧近端部有一长齿及两较小的齿。雄虫外生殖器阳基侧突基 1/5 愈合，内阳茎骨化刺由端部至基部方向逐渐增大变稀。雌虫第八背板呈狭梯形，基缘深凹，端部疏生少量刚毛，从背板基部两侧角向端缘方向有 2 条近平行的骨化条纹，第八腹板呈 Y

形。卵淡白色，长椭圆形，0.55～0.80 毫米。1 龄幼虫长 0.52～
0.80 毫米，单眼 1 对，位于上颚和触角之间，触角 1 节；前胸
背板 H 形或 X 形。老熟幼虫长 4.0～4.5 毫米，肥胖，C 形。上
唇前缘有 8 根刚毛及短而细的刺突，下唇亚颏有一黄褐色窄骨化
板。蛹长 3.2～5.0 毫米，椭圆形，淡黄色。田间菜豆象大部分
可从产卵发育到老熟幼虫或蛹，少部分可以羽化出成虫，然后随
豆粒收获进入室内仓储进行繁殖。

（2）生物学特性。菜豆象发生世代受温度、湿度影响，如法
国南部一年 4 代，意大利一年 4～6 代。以老熟幼虫或蛹在仓内
越冬，不能在田间越冬。豆荚内的卵经过 15～20 天开始孵化，
刚孵化的幼虫胸足发达，四处爬行以寻找蛀入处。菜豆象的卵与
多数其他仓储豆象不同之处在于不黏附在种皮上，而且形状为近
短圆筒状而非扁平状。

4. 四纹豆象

四纹豆象（*Callosobruchus maculatus*），属于鞘翅目豆象科。

（1）形态特征。成虫体长 2.5～4.0 毫米。触角 11 节，由第
四节向后呈锯齿状。前胸背板亚圆锥形。小盾片方形。鞘翅长稍
大于两翅的总宽，肩胛明显。臀板倾斜，侧缘弧形。卵椭圆形扁
平，长约 0.6 毫米。老熟幼虫体长 3.0～4.6 毫米。身体弯曲呈
C 形，淡黄白色。蛹椭圆形，乳白色或淡黄色，体被细毛。

（2）生物学特性。可在田间和仓库内危害（温带区主要在仓
库内）。成虫或幼虫在豆粒内越冬，翌年春化蛹。新羽化的成虫
和越冬成虫飞到田间产卵或继续在仓库内产卵繁殖，产卵期 5～
20 天。幼虫 4 龄。成虫寿命一般不超过 12 天，生活周期为 36
天。个体变异很大，每一性别的成虫存在着两个型，即飞翔型和
非飞翔型。除青海外，所有的蚕豆产区均有四纹豆象危害，主要
通过被害种子的调运进行远距离传播。通过成虫飞翔可近距离传
播，一般虫蛀率在 20%～30%，有的甚至在 80% 以上，经济损
失严重。

5. 防治方法

（1）严格检疫。菜豆象和四纹豆象是我国对外检疫对象，蚕豆象是国内部分省份的检疫对象。应严格检疫，尤其对来自疫区的豆类种子，需经检疫及处理合格后才可调运。

（2）农业防治。

①清洁田园。及早收获并清理田间杂草和豆秆，可放牧、焚烧、深翻或使用除草剂彻底清除田间杂草，缩小豆象寄主范围。

②清洁仓库。冬季清扫仓库，尤其要对仓库缝隙、角落以及仓库外的草垛、垃圾等卫生死角进行清理，彻底通风降温，冻死隐匿在仓库的成虫，同时进行熏蒸。

（3）物理防治。

①晴天摊晒。一般摊晒厚度 3～5 厘米，每隔半小时翻动一次，温度升到 50℃，保持 4～6 小时，粮食温度越高，杀虫效果越好。也可以用塑料袋密封包装后，放置于太阳下暴晒，其温度更容易达到杀虫所需的高温。

②低温冷冻。气温达到 −10℃ 以下时（北方的冬天），将储粮摊开，一般 7～10 厘米厚，经 12 小时冷冻后，即可杀死储粮内的害虫；或用塑料袋密封包装后放置于冷冻库中处理（注意保持种子/籽粒的含水量低于 17%）。

③拌糠除虫。将蚕豆进行暴晒，使种子内的水分降到 12% 以下。先在底层铺上 3～5 厘米厚的稻壳，然后放 10～15 厘米厚的蚕豆，再铺 3～5 厘米厚的稻壳，再放一层蚕豆，如此一层稻壳、一层蚕豆，到最上层用 20～30 厘米厚的稻壳完全密闭保存。

（4）生物防治。利用 1% 的苏云金杆菌乳剂拌蚕豆，可降低绿豆象虫口密度 98%，持效期长达 1 年。寄生蜂也能防治豆象，当释放 40～50 对金小蜂时，可达到抑制绿豆象种群 98% 的效果。

（5）化学防治。

①田间防治。豆象防治要掌握在其产卵之前（即始花期）、成虫产卵盛期（常与蚕豆结荚盛期相吻合）及幼虫孵化盛期施

药，以防治产卵的成虫和初孵幼虫。药剂可选用 4.5%高效氯氰菊酯乳油 1 000～1 500 倍液，90%敌百虫晶体 1 000 倍液，90%灭多威可湿性粉剂 3 000 倍液等，并尽量使每个豆荚均匀着药以提高防治效果。防治时间以晴天 10：00 和 15：00 前后最佳。当豆荚开始成熟时第一次用药，1 周后再喷第二次。此外，因豆象成虫具有较强的迁飞能力，在蚕豆种植区各家各户要进行联防联治，才能彻底防除。

②磷化铝。磷化铝是一种高毒杀虫剂。杀虫效果好，使用方便。气温 20～30℃时，每立方米使用磷化铝 9 克，时间 48 小时。仓库内温度 12～15℃时密闭 5 天；16～24℃时，密闭 4 天；20℃以上时，密闭 3 天，杀虫效果均达到 100%，且不影响种子发芽。注意必须严格按操作要求使用，避免人畜中毒。将蚕豆晒干至储藏籽粒含水量标准（一般在 12%左右）。储粮容器在处理前，除留一施药口外，其余都必须做好密封。施药时选择晴天，按每 200～300 千克粮使用 1 片磷化铝的用量（3.3 克/片）。打开磷化铝瓶盖，取药，盖好瓶盖，迅速用布片将药分片包好（小布片或厚纸片均可），立即将药包埋在粮堆或粮袋中间，药包多时应均匀分点埋入，投药后立即做好容器或仓库的密封。

③磷化氢。当豆粒携带菜豆象时，可采用磷化氢熏蒸防除。当气温在 15℃以上时，保持熏蒸场所内磷化氢的平均浓度不低于 1 毫升/升，处理 72 小时能 100%杀死各虫态。

④甲烷等。用甲烷 35 克/米^3 熏蒸 48 小时，用二硫化碳 200～300 克/米^3、氯化苦 25～30 克/米^3 或氢氰酸 30～50 克/米^3 处理 24～48 小时，可杀灭各虫态。

第三节　蚕豆主要草害及其防治

杂草适应性强，生长发育和繁殖迅速，大量消耗土壤水分和养分，并遮挡太阳光照，直接影响蚕豆的生长发育，从而降低产量和品质。杂草也是病害媒介和害虫栖息的场所，在田间杂草丛生的情况下，常常引起病虫害的发生和流行。另外，杂草过多会影响田间管理，同时对蚕豆收获工作也有很大影响。尤其在机械化栽培中，杂草会增大机械牵引的阻力和机械损耗。当田间杂草多时，应及时清除；否则，将会严重影响产量。

蚕豆的田间杂草种类很多，主要有马唐、狗尾草、蟋蟀草、白茅、马齿苋、野苋菜、藜、铁苋头、小蓟、大蓟、龙葵、画眉草、地锦等一年生杂草和香附子、小旋花、刺儿菜、节节草多年生杂草。

防治田间杂草是促进蚕豆正常生长发育、提高产量与品质的主要措施之一。生产中，除草一直是栽培管理上的重要环节。应根据田间杂草的发生种类、危害特点及相应的耕作栽培措施因地制宜，分别采取农业措施、化学除草剂、除草塑料薄膜以及其他新技术措施除草，综合搭配则防治效果更好。

一、主要杂草种类

1. 马唐

俗名抓地秧、爬地虎，属禾本科一年生杂草，遍布大江南北。在北方豆类产区，每年春季3—4月发芽出土，至8—10月发生数代，茎叶细长，当5～6片真叶时，开始匍匐生长，节上生不定根芽，不断长出新茎枝，总状花序，3～9个指状小穗排列于茎秆顶部，每株可产种子2.5万多粒。由于生长快，繁殖力特别强，能夺取土壤中大量的水肥，影响蚕豆生根发棵和开花结实，造成大幅度减产。可采用扑草净、异丙甲草胺、甲草胺等化学除草剂防除。

2. 狗尾草

俗名谷莠子，属禾本科一年生杂草，在我国南北方的蚕豆产区均有分布。茎直立生长，叶带状，长1.5～3.0厘米，株高30～80厘米，簇生，每茎有一穗状花序，长2～5厘米，3～6个小穗簇生，小穗基部有 5～6 条刺毛，果穗有 0.5～0.6 厘米的长芒，棒状果穗形似狗尾。每簇狗尾草可产种子 3 000～5 000 粒，种子在土中可存活 20 年以上。根系发达，抗旱耐瘠，生命力强，对蚕豆生长影响甚大。可用甲草胺、乙草胺和异丙甲草胺等防除。

3. 蟋蟀草

俗名牛筋草，属禾本科一年生杂草，是我国南北方主要的旱地杂草。每年春季发芽出苗，1 年可生 2 茬。夏、秋季抽穗开花结籽，每茎 3～7 个穗状花序，指状排列。每株结籽 4 000～5 000 粒，边成熟边脱落，种子在土壤中寿命可达 5 年以上。根系发达，须根多而坚韧，茎秆丛生而粗壮，很难拔除。耐瘠耐旱，吸水肥能力强。蚕豆受其危害减产很大。可采用甲草胺、扑草净等防除。

4. 白茅

俗名茅草、甜草根，属禾本科多年生根茎类杂草。有长匍匐状茎横卧地下，蔓延很广，黄白色。茎秆直立，高 25～80 厘米。叶片条形或条状披针形。圆锥花序紧缩呈穗状，顶生，穗成熟后，小穗自柄上脱落，随风传播。茎分枝能力很强，即使入土很深的根茎也能发生新芽，向地上长出新的枝叶。多分布在河滩沙土处的蚕豆产区。由于其繁殖力快、吸水肥能力强，严重影响蚕豆产量的提高。采用噁草酮加大用药量防除，有很好的效果。

5. 马齿苋

俗名马齿菜，属马齿苋科，一年生肉质草本植物，茎枝匍匐生长，带紫色，叶楔状、长圆形或倒卵形，光滑无柄。花 3～5 朵，生于茎枝顶端，无梗，黄色。蒴果圆锥形，盖裂种子很多，每株可产 5 万多颗种子。马齿苋是遍布全国旱地的杂草。在我国北方地区，每年 4—5 月发芽出土，6—9 月开花结实。根系吸水肥能力强，耐旱性极强，茎枝切成碎块，无须生根也能开花结籽，繁殖特别快，严重影响蚕豆产量，要及时消灭。采用乙草胺和西草净等化学除草剂，进行地膜覆盖，有较好的防除效果。

6. 野苋菜

俗名人腥菜，种类很多，主要有刺苋、反枝苋和绿苋，属苋科一年生肉质野菜。茎直立，株高40～100厘米，有棱，暗红色或紫红色，有纵条纹，分枝和叶片均为互生。叶菱形或椭圆形，俯生或顶生穗状花序。每株产种子10万～11万颗，种子在土壤中可存活20年以上。野苋菜是我国旱地分布较广的一种杂草。北方每年4—5月发芽出土，7—8月抽穗开花，9月结籽。由于植株高、叶片大、根须多，吸水肥力强，遮光量大，对蚕豆危害严重。地膜栽培时，采用西草净、噁草酮、乙草胺等除草剂均有很好的防除效果。

7. 藜

俗名灰灰菜，属藜科，是我国南北方分布较广的一年生阔叶杂草。在我国北方4—5月发芽出苗，8—9月结籽，每株产籽7万～10万粒。种子可在地里存活30多年。由于根系发达、植株高大、叶片多，吸水肥力强，遮光量大，种子繁殖力强，对蚕豆危害特别大。应及时采用乙草胺、西草净、噁草酮防除。

8. 铁苋头

俗名牛舌腺，属大戟科一年生双子叶杂草。铁苋头是我国旱地分布较广的杂草，在北方春季3—4月发芽出苗。虽植株矮小，但生命力强，条件适合时1年可生2茬，是棉铃虫、红蜘蛛的中间寄主。应在春季采用化学除草剂防除，随时人工拔除，方可彻底清除。用乙草胺、西草净等化学除草剂，防除效果好。

9. 小蓟和大蓟

俗名刺儿菜，属菊科多年生杂草，分布在全国各地。有根状茎，地上茎直立生长。小蓟株高20～50厘米，茎叶互生，在开花时凋落。叶矩形或长椭圆形，有尖刺，全缘或有齿裂，边缘有刺，头状花序单生于顶端，雌雄异株，花冠紫红色，花期在4—5月。主要靠根茎繁殖，根系很发达，可深达2～3米，由于根茎上有大量的芽，每处芽均可繁殖成新的植株，再生能力强。因其遮光性强，而且是蚜虫传播的中间寄主植物，对蚕豆前中期生育影响很大。可应用乙草胺、西草净和噁草酮等化学除草剂防除。

10. 香附子

俗名旱三棱、回头青，属莎草科旱生多年生杂草。分布于我国沙土旱作蚕豆产区。茎直立生长，高20～30厘米。茎基部圆形，地上部三棱形，叶片线状，茎顶有3个花苞，小穗线形，排列成复伞状花序，小穗上开10～20朵花，每株产1 000～3 000粒种子。有性繁殖靠种子，无性繁殖靠地下茎。地下茎分为根茎、鳞茎和块茎，繁殖力特别强。香附子在我国北方4月初块茎、鳞茎和少量种子发芽出苗，5月大量生长，6—7月开花，8—10月结籽，并产生大量地下块茎。在生长季节，如果只锄去地上部植株，其地下茎1～2天就能重新出土，故称回头青。繁殖快，生命力强，对蚕豆危害大。可用西草净、扑草净防除。

11. 龙葵

俗名野葡萄，属茄科一年生杂草，株高30～40厘米，茎直立，多分枝、枝开散。基部多木质化，根系较发达，吸水肥力强。植株占地范围广，遮光严重。龙葵喜光，适宜在肥沃、湿润的微酸性至中性土壤中生长。种子繁殖生长期长，在豆类田5—6月出苗，7—8月开花，8—9月种子成熟，植株至初霜时才能枯死，蚕豆全生育期均遭其危害。可用乙草胺等化学除草剂防除。

二、农业措施除草

1. 合理轮作

轮作换茬，可从根本上改变杂草的生态环境，有利于改变杂草群体、降低伴随性杂草种群密度、恶化杂草的生态环境、创造不利于杂草生长的环境条件，是除草的有效措施之一。尤其是水旱轮作，效果更好。可与玉米、小麦、高粱、谷子、甘薯等作物轮作，轮作周期应不少于 3 年。

2. 深翻土地

深翻能把表土上的杂草种子较长时间地埋入深层土壤中，使其不能正常萌发或丧失生命力，较好地破坏多年生杂草的地下繁殖部分。同时，将部分杂草的地下根茎翻至土表，使其冻死或晒干，可以消灭多种一年生和多年生杂草。

3. 施用充分腐熟的有机肥

有机肥中常混有大量具有发芽能力的杂草种子。土杂肥腐熟后，其中的杂草种子经过高温氨化，大部分丧失了生命力，可减轻危害。所以，施用充分腐熟的有机肥，是防治杂草的重要措施。

4. 中耕除草

在蚕豆生育期间，分期适当中耕培土，是清除田间杂草的重要措施。尤其在东北春豆类区，是以垄作为主体的耕作栽培方式，分期中耕培土，对消除田间杂草具有更显著的作用。蚕豆生长前期中耕除草，是常用的除草方法，是及时清除田间杂草、保证蚕豆正常生长发育的重要手段。

三、化学除草剂除草

使用化学除草剂防治蚕豆田间杂草，能大幅度提高劳动生产率，降低劳动强度。尤其对地膜覆盖蚕豆田进行化学除草，可使一般机械难以除掉的株间杂草得以清除，也使传统的耕作栽培法得到了改进。由于田间除草剂种类繁多、各有特点，可根据蚕豆田间杂草发生的具体情况选择除草剂品种。在使用过程中，严格遵循说明书要求，最好在喷施前先小面积试验，掌握最佳用量，以利于提高药效，防止药害发生。

1. 氟乐灵

乳剂，橙红色。又名茄科宁、氟特力。氟乐灵为进口产品，剂型较多，是一种选择性低毒除草剂。氟乐灵施入土壤后，潮湿和高温会导致其挥发，光解作用会加速药剂的分解速度导致其失效。适于播前土壤处理和播后芽前土壤处理。主要用于防除禾本科杂草，其防除杂草的持效期为 3～6 个月。氟乐灵有杀伤双子叶植物子叶和胚轴的能力，在杂草发芽时，直接接触子叶或被根部吸收传导，能抑制分生组织的细胞分裂，使杂草停止生长而死亡，具有高效安全的特点。无论露地栽培还是覆膜栽培，一定要先播种覆土再施药覆膜，以免伤苗。严格按照使用说明标准用药。兑水后均匀喷雾于地表，并及时交叉浅耙垄面，将药液均匀混拌入 3 厘米左右的表土层中。氟乐灵对一年生单子叶、双子叶杂草都有较好的防效。对马唐、蟋蟀草、狗尾草、画眉草、千金子、稗草、碎米莎草、早熟禾、看麦娘等一年生杂草有显著防效。兼防苋菜等阔叶杂草，为了扩大杀草谱，兼治阔叶类杂草，可与灭草猛、嗪草酮、灭草丹、甲草胺、噁草酮等除草剂混用，每亩用 48% 氟乐灵乳油 80～120 毫升，兑水 40～50 千克后均匀喷雾。

2. 扑草净

扑草净是一种内吸传导型选择性低毒除草剂，对金属和纺织品无腐蚀性；遇无机酸、碱分解；对人、畜和鱼类毒性很低。国产可湿性白色粉剂，剂型较多。能抑制杂草的光合作用，使杂草因生理饥饿而死。对杂草种子萌发影响很小，但可使萌发的幼苗很快死亡。主要防除马唐、稗草、牛毛草、鸭舌草等一年生单子叶杂草和马齿苋等一年生双子叶恶性杂草，以及部分一年生阔叶类杂草及部分禾本科、莎草科杂草，中毒杂草产生失绿症状，逐渐干枯死亡，对蚕豆安全。扑草净是一种芽前除草剂，于蚕豆播后出苗前使用，田间持效期 40～70 天。适于播前土壤处理和播后芽前土壤处理。每亩用 80% 扑草净可湿性粉剂 50～70 克，兑水 50 千克后均匀喷雾。严格按照使用说明标准用药，使用前，将扑草净兑水后搅拌，使药粉充分溶解，于蚕豆播种后均匀喷于垄面，随即覆盖地膜。其他措施同氟乐灵。扑草净还可与甲草胺混合使用，效果很好。

注意事项：①药量要称准，土地面积要量准，药液喷洒要喷匀，以免产生药害。②该除草剂在低温时效果差，春播蚕豆可适当加大药量。气温高过 30℃时，易发生药害。因此，夏播蚕豆要减少药量或不用。

3. 灭草丹

灭草丹主要防除一年生禾本科杂草、香附子和一些阔叶类杂草，田间持效期 40～60 天。每亩用 70％灭草丹乳油 180～250 毫升，兑水 50 千克后均匀喷雾。其他措施同氟乐灵。

4. 乙草胺

又名绿莱利、消草安。乳油制剂，国产除草剂，是一种低毒性除草剂，对人、畜安全。主要原理是抑制和破坏杂草种子细胞蛋白酶。单子叶禾本科杂草主要由芽鞘将乙草胺吸入株体；双子叶杂草主要由幼芽、幼根将乙草胺吸入株体。被杂草吸收后，可抑制芽鞘、幼芽和幼根的生长，致使杂草死亡。但蚕豆吸收后能很快将其代谢分解，不产生药害而安全生长。主要防除马唐、稗草、狗尾草、早熟禾、蟋蟀草、野藜等一年生禾本科杂草，对野苋菜、马齿苋防效也很好，对多年生杂草无效。在土壤中的持效期为 8～10 周。

乙草胺为芽前选择性除草剂，必须在蚕豆播种后出苗前喷施于地面，覆盖地膜栽培比露地栽培防效高。覆盖地膜栽培的每亩用药量为 900 克/升乙草胺乳油 50～100 毫升，兑水 30～60 千克；露地栽培每亩用药量为 150～200 毫升，兑水 50～75 千克，搅拌使药液乳化。于豆类播种后，整平地面，将药液全部均匀地喷施于垄面。地膜栽培的，于喷药后立即覆盖地膜；蚕豆出苗后，可与吡氟氯禾灵混合喷洒地面，既抑制了萌动但尚未出土的杂草，又杀死了已出土的杂草，提高了防效。

注意事项：①乙草胺的防效与土壤湿度和有机质含量关系很大，覆盖地膜栽培和沙地用药量应酌情减少，露地栽培和肥沃黏壤土地用药量可酌情增加。②黄瓜、水稻、菠菜、小麦、韭菜、谷子和高粱等粮菜作物对其敏感，切忌施用。③对人、畜和鱼类有一定毒性，施用时要远离饮水、河流、池塘及粮食饲料等，以防污染。④对眼睛、皮肤有刺激性，应注意防护。⑤有易燃性，储存时应避开高温和明火。

5. 甲草胺

又名拉索、草不绿，剂型较多。甲草胺是一种播后芽前施用的选择性除草剂，其药效主要是通过杂草芽鞘被吸入植物体内而杀死苗株。一次施药可控制蚕豆全生育期的杂草，同时不影响下茬作物生长。对人、畜毒性很小，持效期在 2 个月左右。主要防除一年生禾本科杂草及异型莎草等。对马唐、狗尾草等单子叶杂草防效较高，对野苋菜、藜等双子叶杂草防效较低。甲草胺是蚕豆地膜栽培大面积应用的除草剂之一。甲草胺为芽前除草剂，在蚕豆播种后出苗前，覆盖地膜栽培每亩用 48% 甲草胺乳剂 150 毫升，露地栽培每亩用 200 毫升。用时兑水 50～75 千克均匀搅拌为乳液，充分乳化后喷施。露地栽培的蚕豆播种覆土耙平后至出苗前 5～10 天均匀喷洒地面，禁止人、畜进地践踏；覆膜的蚕豆要在播种覆土后立即喷药，药液要喷匀、喷严，要把全部药液喷完，然后覆膜，膜与地面要贴紧、压实，以保持土壤温度、湿度。土壤保持一定湿度更能发挥其杀草效能，因此施用甲草胺的效果覆膜栽培好于露地栽培。南方蚕豆产区气候湿润，可露地栽培施用。北方气候干燥，可覆膜施用。

另据试验，在野苋菜、马齿苋、苍耳、龙葵等双子叶阔叶杂草较多的田块，可将甲草胺与扑草净等除草剂混用以扩大杀草谱，提高除草率。

注意事项：①该乳剂对眼睛和皮肤有一定刺激作用，如溅入眼内和溅在皮肤上，要立即用清水洗干净。②能溶解聚氯乙烯、丙烯腈等塑料制品，需用金属、玻璃器皿盛装。③遇冷（低于0℃）易出现结晶，已结晶的甲草胺在15～20℃时可再溶化，对药效没有影响。

6. 噁草酮

又名农思它、恶草灵，为进口产品，剂型较多。噁草酮对人、畜、鱼类和土壤、农作物低毒低残留，施用安全。噁草酮是芽前和芽后施用的选择性除草剂。芽前施用主要是杀死杂草的芽鞘；芽后施用主要是通过杂草地上部芽和叶片进入株体，使之受阳光照射后死亡。主要防除一年生禾本科杂草和部分阔叶类杂草，对马唐、牛毛草、狗尾草、稗草、野苋菜、藜、铁苋头等单子叶、双子叶杂草都有较好的防效，兼治香附子、小旋花等多年生杂草，对多年生禾本科杂草雀稗也有很好的杀灭效果，总杀草率达94.5%～99.5%。如果土壤湿度条件较好，加大用药量，对白茅草和节节草等多年生恶性杂草也有很好的防除效果。在土壤中的持续有效期为80天以上。蚕豆芽前喷施后，在苗期杀草率达98.1%，于花下针期杀草率达99.4%。噁草酮在苗后喷施，对整株的酢浆草和田旋花灭除特别有效。苗后喷施对禾本科杂草灭除效果一般。

噁草酮对杂草的防效主要在芽前发挥，因此，施药应在蚕豆播种后出苗前进行，一般不采取芽后施药。覆盖地膜田块由于保持土壤湿润，杀草效果优于露地栽培。每亩施药量以12%噁草酮乳油150～175毫升，或25%噁草酮乳油75～150毫升为宜，兑水50～75千克，在蚕豆播种后覆膜前均匀喷施于地面。

注意事项：①噁草酮对人、畜毒性虽小，但切忌吞服。如溅到皮肤上，应以大量肥皂水冲洗干净；溅到眼睛里，用大量干净的清水冲洗。②噁草酮易燃，切勿存放在热源附近。③使用的喷雾器械要充分冲洗干净，才能用来喷施噁草酮。

7. 异丙甲草胺

又名屠莠胺、杜尔、金都尔。金都尔为进口的72％异丙甲草胺乳油，是蚕豆地膜覆盖栽培大面积应用的一种芽前选择性除草剂。主要通过芽鞘或幼根进入株体，杂草出土不久就被杀死，一般杀草率为80％～90％。对马唐、稗草等一年生单子叶杂草，防效达90.7％～99.0％；对荠菜、野苋、马齿苋等双子叶杂草，防效为66.5％～81.4％。在蚕豆播前施用后的持效期为3个月。蚕豆封垄后对行间的禾本科杂草仍有防效，3个月后药力活性自然消失，对后茬禾本科作物无影响。

在蚕豆播种后覆膜前地面喷施，每亩用量以100～150毫升为宜。沙土地的或覆膜条件下蚕豆栽培，用量可少些；露地栽培或土层较黏的地块及旱地，用量可多些，水田地蚕豆用量可少些。用适量除草剂兑水搅匀后喷施蚕豆田块，要均匀地将药液全部喷完。

注意事项：①易燃，储存时温度不要过高。②严格按推荐用量喷药，以免蚕豆出现药剂残留问题。③无专用解毒药剂，施用时要注意安全。

8. 二甲戊灵

主要防除一年生禾本科杂草及部分阔叶类杂草。每亩用33％二甲戊灵乳油150～250毫升。二甲戊灵为蚕豆播后芽前除草剂，其防除效果与土壤湿度密切相关，土壤湿润时，药剂易扩散，杂草萌发齐而快，防除效果好；土壤干旱、墒情差时，药剂不易扩散，防除效果差。因此，在土壤墒情差时，可结合浇水或加大喷水量（药量不变），从而提高药效。苗后茎叶喷雾。

9. 丙炔氟草胺

主要防除阔叶类杂草及部分禾本科杂草，每亩用50％丙炔氟草胺可湿性粉剂8～12克，兑水50千克，均匀喷于地表。为扩大杀草谱，可与乙草胺、异丙甲草胺混用。

10. 吡氟氯禾灵

吡氟氯禾灵是一种芽后选择性低毒除草剂，主要用于防除一年生和多年生禾本科杂草，尤其对抽穗前的一年生和多年生禾本科杂草防除效果很好，对阔叶杂草和莎草无效。蚕豆 2～4 叶期、禾本科杂草 3～5 叶期施药。防除一年生禾本科杂草，每亩用 10.8% 吡氟氯禾灵高效乳油 20～30 毫升，喷雾于杂草茎叶，干旱情况下可适当提高用药量；防除多年生禾本科杂草，每亩用 30～40 毫升。当蚕豆与禾本科杂草及苋、藜等混生时，可与苯达松、杂草焚混用，扩大杀草谱，提高防效。

11. 烯草酮

主要防除一年生和多年生禾本科杂草，于杂草 2～4 叶期施药。每亩用 12% 烯草酮乳油 30～40 毫升，兑水 30～40 千克，晴天上午喷雾。

12. 吡氟禾草灵

主要防除禾本科杂草。每亩用 35% 吡氟禾草灵乳油或 15% 精吡氟禾草灵乳油 50～70 毫升，防除一年生禾本科杂草；80～120 毫升防除多年生禾本科杂草。为扩大杀草谱，可与苄密磺隆或苯达松混用，方法同吡氟氯禾灵。

13. 普杀特

又名豆草唑。普杀特为低毒除草剂，是选择性芽前和早期苗后除草剂，适于豆科作物防除一年生、多年生禾本科杂草和阔叶杂草等，杀草谱广。在蚕豆播后出苗前喷施于土壤表面，也可在蚕豆出苗后茎叶处理。在单子叶、双子叶杂草混生的蚕豆田块，可与二甲戊灵或乙草胺混合施用，提高药效。

四、塑料薄膜除草

除草药膜是含除草药剂的塑料透光薄膜，其制作方法是将除草剂按一定的有效成分含量溶解后，均匀涂压或喷涂至塑料薄膜的一面。在蚕豆播种后，覆盖在土壤表面封闭播种行，然后打孔点播或者破孔出苗，药膜上的药剂在一定湿度条件下，与水滴一起转移到土壤表面或下渗至一定深度，形成药层发挥除草作用。使用除草药膜，不需喷除草剂，不需准备药械，工序简单，不仅省工、除草效果好、药效期长，而且残留量明显低于直接喷除草剂覆盖普通地膜。

1. 甲草胺除草膜

每 100 米^2 含药 7.2 克，除草剂单面析出率在 80％以上。经各地使用统计，对马唐、稗草、狗尾草、画眉草、莎草、藜、苋等杂草的防治效果在 90％左右。

2. 扑草净除草膜

每 100 米^2 含药 8 克，除草剂单面析出率在 70％～80％。适于防除蚕豆田以及马铃薯、胡萝卜、番茄、大蒜等蔬菜田的主要杂草，防治一年生杂草效果较好。

3. 异丙甲草胺除草膜

有单面有药和双面有药 2 种。单面有药应注意使用时药面朝下。对蚕豆田的禾本科杂草和部分阔叶杂草防除效果很好，防治效果在 90％以上。

4. 乙草胺除草膜

杀草谱广，对蚕豆田块的马唐、牛筋草、铁苋菜、苋菜、马齿苋、莎草、刺儿菜、藜等，防治效果高达 100％，是蚕豆田除草药膜中较理想的一种。

5. 有色膜除草

有色膜是不含除草剂、基本不透光的塑料薄膜，有色膜利用基本不透光的特点，使部分杂草种子不能发芽出土，即便部分杂草种子能发芽出土，不见阳光也不能生长。用于生产的有色膜主要包括黑色地膜、银灰地膜、绿色地膜、黑白相间地膜等。有色膜除草效果也较好，尤其对夏季蚕豆田杂草防除效果突出。据试验测定，其除草效果达 100％。在除草的同时，采用银灰膜还可驱避豆蚜等害虫。黑色膜既可以除草，还可以提高地温、增加产量。由于有色膜无化学除草剂，所以无毒、无残留，适于生产绿色食品和有机食品，是农业可持续发展的理想产品。

在覆盖除草药膜时，蚕豆垄必须耙平、耙细，膜要与土贴紧，注意不要用力拉膜，以防影响除草效果。

主要参考文献 REFERENCES /////////

长沙桑铼特农业机械设备有限公司，2023. 一种旋耕机及农业机械：中国，CN202321367286.8 [P].05-31.

陈新，2012. 豆类蔬菜生产配套技术手册 [M]. 北京：中国农业出版社.

程须珍，2016. 蚕豆生产技术 [M]. 北京：北京教育出版社.

大通丰收农牧科技有限公司，2015. 一种蚕豆联合收割机：中国，CN201510222201.0 [P].05-05.

丁振彪，沙恒，2021. 浅谈小型播种机的发展趋势 [J]. 南方农机，52 (19)：43-45.

关桂娟，2022. 高速气力式播种机技术特征与规范作业注意事项 [J]. 农机使用与维修 (3)：85-87.

何新如，孟祥雨，赵丽萍，2014. 耕整地机械发展现状分析 [J]. 山东农机化 (6)：24-25.

湖北虹发农业机械制造有限公司，2012. 一种小型中耕施肥机：中国，CN201210119558.2 [P].04-23.

湖北双兴智能装备有限公司，2020. 一种蚕豆联合收割机：中国，CN202011222031.3 [P].11-05.

解禄观，2008. 具有自动起动功能的背负式机动喷雾机：中国，CN200820057062.6 [P].04-09.

雷智高，李向春，何兴村，等，2021. 翻转犁的研究现状与展望 [J]. 安徽农业科学，49 (3)：217-221.

李浩，沈卫强，班婷，2018. 我国秸秆利用技术及秸秆粉碎设备的研究进展 [J]. 中国农机化学报，39 (1)：17-21.

李华英，黄文涛，杨成灿，等，1990. 中国蚕豆（*Vicia Faba* L.）种植地区分布及其生产区划 [J]. 青海农林科技 (2)：1-6.

李江国，刘占良，张晋国，等，2006. 国内外田间机械除草技术研究现状 [J]. 农机化研究 (10)：14-16.

李浪，2022. 有机肥撒施机的设计与试验 [D]. 太原：山西农业大学.

李迎春，2014. 蚕豆的机械化生产技术及效益分析［J］. 农业开发与装备
（6）：94.

李增宏，2007. 旋耕刀的类型和构架的研究推广分析［J］. 农业技术与装备
（12）：25-26.

李振，2014. 中耕追肥机施肥铲的设计与试验研究［D］. 哈尔滨：东北农
业大学.

李正仁，2023. 固体有机肥撒肥机设计［J］. 农机使用与维修（1）：25-27.

马海青，2022. 互助县蚕豆生产全程机械化技术试验研究［J］. 青海农技推
广（4）：64-68.

马卫东，2021. 农业机械深松深翻技术推广研究［J］. 河北农机（8）：7-
8，15.

宁夏回族自治区农业机械化技术推广站，2023. 一种起垄装置及旋耕起垄
机：中国，CN202310522787.7［P］.05-10.

曲小明，于洪雪，2022. 农业深松机械的研究现状与发展趋势［J］. 农机使
用与维修（10）：55-57.

四川刚毅科技集团有限公司，2023. 一种小型收割机：中国，CN202320129871.8
［P］.01-13.

王雅明，袁国伦，2022. 秸秆机械化粉碎技术特征与专用机具研究进展
［J］. 农机使用与维修（4）：41-43.

魏强，祁亚卓，柱姝楠，2015. 国内外精量播种机的发展现状简介［J］. 农
机质量与监督（10）：18.

无锡悦田农业机械科技有限公司，2016. 一种手扶式起垄覆膜装置：中国，
CN201620832922.3［P］.08-03.

谢婉莹，马少辉，赵丽，2023. 秸秆粉碎设备的研究现状与技术分析［J］.
新疆农机化（5）：14-17，24.

许林英，等，2023. 豆类蔬菜品种与高产栽培技术［M］. 北京：中国农业
出版社.

薛亚军，贺福强，李赟，等，2021. 翻转犁结构设计及支架优化［J］. 农机
化研究，43（7）：33-40.

杨光，陈巧敏，夏先飞，等，2021.4DL-5A 型蚕豆联合收割机关键部件设
计与优化［J］. 农业工程学报，37（23）：10-18.

杨光，陈巧敏，肖宏儒，等，2019. 蚕豆脱粒设备研究现状及发展趋势

［J］. 中国农机化学报，40（3）：78-83.

杨柳，杨莎，杨璎珞，2022. 离心式双圆盘撒肥机的设计［J］. 南方农机，53（14）：18-19，26.

杨涛，孙付春，黄尔宇，等，2017. 秸秆粉碎技术及设备的研究［J］. 四川农业与农机（3）：39-41.

姚爱萍，傅剑，冯洋，等，2019. 有机肥撒肥机的现状分析与思考［J］. 农业开发与装备（3）：97-98.

袁昌富，李景斌，李树峰，等，2016.2BMF-6 机械式免耕精量播种机的设计［J］. 农机化研究，38（10）：118-122.

袁守利，陈昌，董柯，2015.3WPZ-500 自走式喷杆喷雾机液压系统设计［J］. 武汉理工大学学报（信息与管理工程版），37（6）：855-859.

曾晨，李兵，李尚庆，等，2016.1WG-6.3 型微耕机的设计与实验研究［J］. 农机化研究，38（1）：132-137.

张丽娜，2022. 耕整地机械的作业现状及发展方向分析［J］. 农机使用与维修（6）：48-50.

赵继云，王晓燕，王杰，等，2020. 蚕豆机械化收获技术研究现状与研究趋势［J］. 农机化研究，42（5）：1-6.

图书在版编目（CIP）数据

蚕豆品种与高效栽培管理技术 / 张泉锋等主编.
北京：中国农业出版社，2025.1. -- ISBN 978-7-109-
32935-5

Ⅰ.S643.6

中国国家版本馆 CIP 数据核字第 202531A44G 号

蚕豆品种与高效栽培管理技术
CANDOU PINZHONG YU GAOXIAO ZAIPEI GUANLI JISHU

中国农业出版社出版

地址：北京市朝阳区麦子店街 18 号楼

邮编：100125

责任编辑：冀　刚　冯英华

版式设计：王　晨　责任校对：吴丽婷

印刷：中农印务有限公司

版次：2025 年 1 月第 1 版

印次：2025 年 1 月北京第 1 次印刷

发行：新华书店北京发行所

开本：850mm×1168mm　1/32

印张：6.75

字数：175 千字

定价：38.00 元